首饰设计与工艺系列丛书
首饰金属工艺

王浩铮 著
滕 菲 主审
刘 骁 主编

人民邮电出版社
北 京

图书在版编目（CIP）数据

首饰金属工艺 / 王浩铮著；刘骁主编. -- 北京：
人民邮电出版社，2022.5
（首饰设计与工艺系列丛书）
ISBN 978-7-115-58020-7

Ⅰ．①首… Ⅱ．①王… ②刘… Ⅲ．①首饰－生产工
艺 Ⅳ．①TS934.3

中国版本图书馆CIP数据核字(2021)第242494号

内 容 提 要

国民经济的快速发展和人民生活水平的提高不断激发国民对珠宝首饰消费的热情，人们对饰品的审美、情感与精神需求也在日益提升。近些年，新的商业与营销模式不断涌现，在这样的趋势下，对首饰设计师能力与素质的要求越来越全面，不仅要具备设计和制作某件具体产品的能力，同时也要求具有创新性、整体性的思维与系统性的工作方法，以满足不同商业的消费及情境体验的受众需求，为此我们策划了这套《首饰设计与工艺系列丛书》。

本书是关于首饰制作中金属工艺技法的图书。全书分为8章：第1章讲解了金属工艺的特征、分类及基本使用工具等方面的内容；第2章至第7章为本书的重点内容，分别讲解了基础的金属工艺技法，包括金属的测量与裁切工艺、金属的锯切与钻孔工艺、金属的锉修工艺等，金属接合过程中使用的焊接工艺和冷连接工艺，金属成形过程中使用的退火与弯折工艺和纹理制作工艺，抽线工艺，连接工艺，金属表面处理时使用的抛光工艺和做旧工艺；第8章通过四个实操案例，讲解了首饰金属工艺的综合技法运用。工艺本身是实现创作和想法的一种手段，任何工艺的制作方法都应该是灵活的、变通的、生动的，需要根据创作的需求去找寻工艺实现的可能性。

本书结构安排合理，内容翔实丰富，具有较强的针对性与实践性，不仅适合珠宝设计初学者、各大珠宝类院校学生及具有一定经验的珠宝设计师阅读，也可帮助他们巩固与提升自身的设计创新能力。

◆ 著　　　　王浩铮

主　审　滕菲

主　编　刘骁

责任编辑　王铁

责任印制　周昇亮

◆ 人民邮电出版社出版发行　北京市丰台区成寿寺路 11 号
邮编　100164　电子邮件　315@ptpress.com.cn
网址　https://www.ptpress.com.cn
北京捷迅佳彩印刷有限公司印刷

◆ 开本：787×1092　1/16
印张：8.5　　　　　　2022 年 5 月第 1 版
字数：218 千字　　　2024 年 12 月北京第 6 次印刷

定价：89.00 元

读者服务热线：(010)81055296　印装质量热线：(010)81055316
反盗版热线：(010)81055315
广告经营许可证：京东市监广登字 20170147 号

丛书编委会

主　审：滕　菲

主　编：刘　骁

副主编：高　思

编　委：宫　婷　　韩儒派　　韩欣然　　刘　洋

　　　　卢言秀　　卢　艺　　邰靖文　　王浩铮

　　　　魏子欣　　吴　冕　　岳建光

丛书专家委员会

曹毕飞　　广东工业大学艺术与设计学院 副教授

段丙文　　西安美术学院服装系 副主任 副教授 硕士生导师

高　伟　　北京服装学院珠宝首饰设计教学部 主任

郭　新　　上海大学上海美术学院公共艺术技术实验教学中心 主任

　　　　　中国工艺美术协会金属艺术专业委员会 副主任

郭　颖　　中国地质大学（北京）珠宝学院 党委副书记 院长 教授 博士生导师

林　栋　　鲁迅美术学院工艺美术设计学院 院长

罗振春　　苏州工艺美术职业技术学院手工艺术学院 副院长

孙　捷　　国家海外高层次特聘专家 同济大学 长聘教授 博士生导师

王春刚　　（美）杭州师范大学美术学院 教授 硕士生导师

汪正虹　　中国美术学院手工艺术学院 副院长 教授 博士生导师

王晓昕　　清华大学美术学院工艺美术系 党支部书记

　　　　　中国工艺美术协会金属艺术专业委员会 驻会副秘书长

王克震　　南京艺术学院工艺美术专业主任 副教授

王静敏　　浙江农林大学暨阳学院 中国珍珠学院 副院长

吴峰华　　TTF 高级珠宝品牌创始人 艺术总监

解　勇　　沈阳大学美术学院 院长 美术专业学科带头人

杨景媛　　昆明冶金高等专科学校景媛国际珠宝学院 院长

　　　　　云南观媛文化传播有限公司董事长

张　凡　　中央美术学院设计学院 副教授 硕士生导师

张福文　　北京工业大学艺术设计学院 副教授 金工首饰设计专业负责人

张荣红　　中国地质大学（武汉）珠宝学院 副院长

张压西　　四川美术学院手工艺术系主任 首饰专业负责人

郑　静　　南京艺术学院工业设计学院 副院长 教授 首饰设计专业带头人

庄冬冬　　天津美术学院 副教授 硕士生导师 首饰设计专业负责人

推荐序 I

开枝散叶又一春

辛丑年的冬天，我收到《首饰设计与工艺系列丛书》主编刘骁老师的邀约，为丛书做主审并作序。抱着学习的态度，我欣然答应了。拿到第一批即将出版的 4 本书稿和其他后续将要出版的相关资料，发现从主编到每本书的著者大多是自己这些年教过的已毕业的学生，这令我倍感欣喜和欣慰。面对眼前的这一切，我任思绪游弋，回望二十几年来中央美术学院首饰设计专业的创建和教学不断深化发展的情境。

我们从观察自然，到关照内里，觉知初心；从视觉、触觉、身体对材料材质的深入体悟，去提升对材质的敏感性与审美能力；在中外首饰发展演绎的历史长河里，去传承精髓，吸纳养分，体味时空转换的不确定性；我们到不同民族地域文化中去探究首饰文化与艺术创造的多元可能性；鼓励学生学会质疑，具有独立的思辨能力和批判精神；输出关注社会、关切人文与科技并举的理念，立足可持续发展之道，与万物和谐相依，让首饰不仅具备装点的功效，更要带给人心灵的体验，成为每个个体精神生活的一部分，以提升人类生活的品质。我一直以为，无论是一枚小小的胸针还是一座庞大博物馆的设计与构建，都会因做事的人不同，而导致事物的过程与结果的不同，万事的得失成败都取决于做事之人。所以在我的教学理念中，培养人与教授技能需两者并重，不失偏颇，而其中对人整体素养的培养是重中之重，这其中包含了人的德行，热爱专业的精神，有独特而强悍的思辨及技艺作支撑，但凡具备这些基本要点，就能打好一个专业人的根基。

好书出自好作者。刘骁作为《首饰设计与工艺系列丛书》的主编，很好地构建了珠宝首饰所关联的自然科学、社会科学与人文科学，汇集彼此迥异而又丰富的知识理论、研究方法和学科基础，形成以首饰相关工艺为基础、艺术与设计思维为导向，在商业和艺术语境下的首饰设计与创作方法为路径的教学框架。

该丛书是一套从入门到专业的实训类图书。每本图书的著者都具有首饰艺术与设计的亲身实践经历，能够引领读者进入他们的专业世界。一枚小首饰，展开后却可以是个大世界，创想、绘图、雕蜡、金工、镶嵌……都可以引入令人神往的境地，以激发读者满怀激情地去阅读与学习。在这个过程中，我们会与"硬数据"——可看可摸到的材料技艺和"软价值"——无从触及的思辨层面相遇，其中创意方法的传授应归结于思辨层面的引导与开启，借恰当的转译方式或优秀的案例助力启迪，这对创意能力的培养是行之有效的方法。用心细读可以看到，丛书中许多案例都是获得国内外专业大奖的优秀作品，他们不只是给出一个作品结果，更重要和有价值的，还在于把创作者的思辨与实践过程完美地呈现给了读者。读者从中可以了解到一件作品落地之前，每个节点变化由来的逻辑，这通常是一件好作品生成不可或缺的治学态度和实践过程，也是成就佳作的必由之路。本套丛书的主编刘骁老师和各位专著作者，是一批集教学与个人实践于一体的优秀青年专业人才，具有开放的胸襟与扎实的根基。他们在专业上，无论是为国内外各类知名品牌做项目设计总监，还是在探究颇具前瞻性的实验课题，抑或是专注社会的公益事业上，都充分展示出很强的文化传承性，融汇中西且转化自如。本套丛书对首饰设计与制作的常用或主要技能和工艺做了独立的编排，之于读者来讲是很难得的，能够完整深入地了解相关专业；之于我而言则还有另一个收获，那就是看到一批年轻优秀的专业人成长了起来，他们在我们的《十年·有声》之后的又一个十年里开枝散叶，各显神采。

党的二十大以来，提出了"实施科教兴国战略，强化现代化建设人才支撑"，我们要坚持为党育人，为国育才，"教育就像培植树苗，要不断修枝剪叶，即便有阳光、水分、良好的氛围，面对盘根错节、貌似昌盛的假象，要舍得修正，才能根深叶茂长成参天大树，修得正果。"[注] 由衷期待每一位热爱首饰艺术的读者能从丛书中获得滋养，感受生动鲜活的人生，一同开枝散叶，喜迎又一春。

辛丑年冬月初八

注：滕菲：《十年·有声——中央美术学院与国际当代首饰》，中国纺织出版社，2012，第 14 页

推荐序II

随着国民经济的快速发展，人民物质生活水平日益提高，大众对珠宝首饰的消费热情不断提升，人们不仅仅是为了保值与收藏，同时也对相关的艺术与文化更加感兴趣。越来越多的人希望通过亲身的设计和制作来抒发情感，创造具有个人风格的首饰艺术作品，或是以此为出发点形成商业化的产品与品牌，投身万众创业的新浪潮之中。

《首饰设计与工艺系列丛书》希望通过传播和普及首饰艺术设计与工艺相关的知识理论与实践经验，产生一定的社会效益：一是读者通过该系列丛书对首饰艺术文化有一定的了解和鉴赏，亲身体验设计创作首饰的乐趣，充实精神文化生活，这有益于身心健康和提升幸福感；二是以首饰艺术设计为切入点探索社会主义精神文明建设中社会美育的具体路径，促进社会和谐发展；三是以首饰设计制作的行业特点助力大众创业、万众创新的新浪潮，协同构建人人创新的社会新态势，在创造物质财富的过程中同时实现精神追求。

党的二十大报告指出"教育是国之大计、党之大计。培养什么人、怎样培养人、为谁培养人是教育的根本问题。"首饰艺术设计的普及和传播则是社会美育具体路径的探索。论语中"兴于诗，立于礼，成于乐"强调审美教育对于人格培养的作用，蔡元培先生曾倡导"美育是最重要、最基础的人生观教育"。首饰是穿戴的艺术，是生活的艺术。随着科技、经济的发展，社会消费水平的提升，首饰艺术理念日益深入人心，用于进行首饰创作的材料日益丰富和普及，为首饰进入人们的日常生活奠定了基础。人们可以通过佩戴、鉴赏、消费、收藏甚至亲手制作首饰参与审美活动，抒发情感，陶冶情操，得到美的享受，在优秀的首饰作品中形成享受艺术和文化的日常生活习惯，培养高品位的精神追求，在高雅艺术中宣泄表达，培养积极向上的生活态度。

人们在首饰设计制作实践中培养创造美和实现美的能力。首饰艺术设计是培养一个人观察力、感受力、想象力与创造力的有效方式，人们在家中就能展开独立的设计和制作工作，通过学习首饰制作工艺技术，把制作首饰当作工作学习之余的休闲方式，将所见所思所感通过制作的方式表达出来。在制作过程中专注于一处，体会"匠人"精神，在亲身体验中感受材料的多种美感与艺术潜力，在创作中找到乐趣、充实内心，又外化为可见的艺术欣赏。首饰是生活的艺术，具有良好艺术品位的首饰能够自然而然地将审美活动带入人们社会交往、生活休闲的情境中，起到滋养人心的作用。通过对首饰艺术文化的了解，人们可以掌握相关传统与习俗、时尚潮流，以及前沿科技在穿戴体验中的创新应用；同时它以鲜活和生动的姿态在历史长河中也折射出社会、经济、政治的某一方面，像水面泛起的粼粼波光，展现独特魅力。

首饰艺术设计的传播和普及有利于促进社会创业创新事业发展。创新不仅指的是技术、管理、流程、营销方面的创新，通过文化艺术的赋能给原有资源带来新价值的经营活动同样是创新。当前中国经济发展正处于新旧动能转换的关键期，"人人创新"，本质上是知识社会条件下创新民主化的实现。随着互联网、物联网、智能计算等数字技术所带来的知识获取和互动的便利，创业创新不再是少数人的专利，而是多数人的机会，他们既是需求者也是创新者，是拥有人文情怀的社会创新者。

随着相关工艺设备愈发向小型化、便捷化、家庭化发展，首饰制作的即时性、灵活性等优势更加突显。个人或多人小型工作空间能够灵活搭建，手工艺工具与小型机械化、数字化设备，如小型车床、3D打印机等综合运用，操作更为便利，我们可以预见到一种更灵活的多元化"手工艺"形态的显现——并非回归于旧的技术，而是充分利用今日与未来技术所提供的潜能，回归于小规模的、个性化的工作，越来越多的生产活动将由个人、匠师所承担，与工业化大规模生产相互渗透、支撑与补充，创造力的碰撞将是巨大的，每一个个体都会实现多样化发展。同时，随着首饰的内涵与外延的不断深化和扩大，首饰的类型与市场也越来越细分与精准，除了传统中大型企业经营的高级珠宝、品牌连锁，也有个人创作的艺术首饰与定制。新的渠道与营销模式不断涌现，从线下的买手店、"快闪店"、创意市集、首饰艺廊，到网店、众筹、直播、社群营销等，愈发细分的市场与渠道，让差异化、个性化的体验与需求在日益丰富的工艺技术支持下释放出巨大能量和潜力。

本套丛书是在此目标和需求下应运而生的从入门到专业的实训类图书。丛书中有丰富的首饰制作实操所需各类工艺的讲授，如金工工艺、宝石镶嵌工艺、雕蜡工艺、珐琅工艺、玉石雕刻工艺等，囊括了首饰艺术设计相关的主要材料、工艺与技术，同时也包含首饰设计与创意方法的训练，以及首饰设计相关视觉表达所需的技法训练，如手绘效果图表达和计算机三维建模及渲染效果图，分别涉猎不同工具软件和操作技巧。本套丛书尝试在已有首饰及相关领域挖掘新认识、新产品、新意义，拓展并夯实首饰的内涵与外延，培养相关领域人才的复合型能力，以满足首饰相关的领域已经到来或即将面临的复杂状况和挑战。

本套丛书邀请了目前国内多所院校首饰专业教师与学术骨干作为主笔，如中央美术学院、清华大学美术学院、中国地质大学、北京服装学院、湖北美术学院等，他们有着深厚的艺术人文素养，掌握切实有效的教学方法，同时也具有丰富的实践经验，深耕相关行业多年，以跨学科思维及全球化的视野洞悉珠宝行业本身的机遇与挑战，对行业未来发展有独到见解。

青年强，则国家强。当代中国青年生逢其时，施展才干的舞台无比广阔，实现梦想的前景无比光明。希望本套丛书的编写不仅能丰富对首饰艺术有志趣的读者朋友们的艺术文化生活，同时也能促进高校素质教育相关课程的建设，为社会主义精神文明建设提供新方向和新路径。

记于北京后沙峪寓所

2021 年 12 月 15 日

序言
PREFACE

写一本金属工艺类的书的难度是非常大的，主要原因有两点。其一，金属工艺种类繁多且内容广泛，很难在有限的时间之内完整地呈现出对读者产生实际效用的内容。其二，市面上有关金属工艺的书籍甚少，很难找到相关的参考资料。基于以上两点，在写此书之前，我一直心存顾虑，许久未能开始。最后，我索性不去思考与顾虑太多，直接从个人的创作经验入手，选取有参考价值的工艺，并对这些工艺进行划分，便开始了书写征程。

本书所涉及的金属工艺内容，绝大多数来自个人的创作经验，算是对自己金属工艺经验的分享与交流，对于整个金属工艺领域，书中的内容也仅是冰山一角。书中所涉及的工艺内容比较基础，便于初学者了解与学习。本书所涉及的技能的复杂程度虽然不高，但在金属工艺中的重要程度相当高。在了解与掌握基本金属工艺之后，大家便可以根据个人的创作需求进行工艺的创新与拓展。工艺只是一种实现想法的手段，并不是最终的目的。因此，在学习工艺技能之时，不要沉迷于工艺或是被工艺技能限制了创造力。

对于任何一种工艺而言，都需要进行大量的练习与实践才能够熟练操作，如仅仅停留在理论与书本中，是完全没有任何价值的。因此，希望大家可以跟着本书的内容进行操作与尝试，在具体实践的过程中产生思考与理解。这样，对本书内容的设计与呈现是否合理，具体工作步骤是否清晰明确，工艺种类的划分是否恰当等，才会拥有属于自己的感受与判断。

编者

2022 年 1 月

Contents 目录

目录 Contents

Contents 目录

第 1 章

金属工艺
概述

CHAPTER 01

此章主要包含金属工艺介绍、金属工艺常用工具的介绍、工作台的介绍、常用机械设备的介绍，以及工作空间基础设施及区域划分等几个方面。整章主要是理论叙述及对工具设备的介绍，不涉及具体工艺技能与实操。因此，建议大致了解本章内容即可，等有了实操经验再回看，会有更深的记忆与更多的认知。

在具体内容中，金属工艺基本工具设备内容为核心部分。初学者对这些工具设备是极其陌生的，但会频繁出现与运用，建议大家根据具体的工艺实操来对应所需的工具设备，不要单一且教条地记忆每一个工具名称与分类。

整章所涉及的观点、工具等都源于作者个人经验，所有理论与工具设备都是根据创作，不断更新与改变的，金属工艺只是一种技术手段，辅助我们实现个人的创作。因此，对金属工艺树立正确的观念才是首要的。

1.1 金属工艺介绍

金属工艺是各种与金属相关的工艺的统称，包含金属锻造工艺、錾刻工艺、花丝工艺、鎏金工艺、乌铜走银工艺等。每个具体的工艺都蕴含历史的变迁。

任何一种金属工艺都离不开基础工艺，都是基础工艺的拓展与延伸，因此，必须掌握金属基础工艺。之后会对金属基础工艺做详细介绍与演示。

◆ 1.1.1　金属工艺的特征

金属工艺的材料以金、银、铜、铁、铝、钛为主，并且以手工制作为主要创作手段，同时注重工艺的传承。只有在现有工艺的基础之上进行创新及注入设计理念，才可以让工艺具备生命力。

本书在讲解金属工艺时，注重设计理念。工艺是一种实现想法的辅助手段，没有工艺我们的设计理念就无法得以实现；同样地，如仅仅具备设计理念而对工艺一无所知，那么所设想的作品也无法实现。

工艺与设计并不矛盾，两者相辅相成。对工艺的了解与掌握越深入、透彻，越能为设计创造可能性。

◆ 1.1.2　金属工艺的分类

金属工艺是一个广泛的概念，包含工艺、材料、技能等。本书涉及的金属工艺仅限于日常首饰制作，根据首饰制作经常运用到的工艺与技能展开叙述。

首先，是对基础工艺的掌握，如金属裁切、焊接、打磨、抛光等，会在之后具体讲解与演示。其次，是对镶嵌工艺的了解与掌握。镶嵌工艺会使首饰更加完整与丰富，对镶嵌工艺的学习要建立在对基础工艺的掌握之上。

再次，是对锻造工艺的了解与掌握。锻造工艺是指运用小锤子敲打制成各种金属器皿，并在金属表面进行錾花与雕刻，让物件看起来更加美观。镶嵌工艺、锻造工艺、錾花工艺、花丝工艺等都是基础金属工艺的延伸与拓展。

本书对基础金属工艺进行详细讲解，并对制作的每一个步骤进行演示，以帮助读者更好地掌握技能，并为拓展到其他金属工艺领域打下基础。

1.2 金属工艺基本工具设备

由于金属工艺的种类繁多，因此各种工艺所涉及的工具设备也各有不同，无论运用何种工艺，都会涉及基本的工具设备。这些工具设备是实现工艺制作的媒介，因此，选择正确的工具设备可使得制作事半功倍。

◆ 1.2.1 常用工具介绍

工具并不是一种限制而是一种媒介，借助于有效的工具会使得制作事半功倍。虽然工具的品牌、种类、名称、产地等各式各样，但其功能大致相同。以下列出的工具为金属工艺中常见的工具，可满足基本的工艺需求。所有工具的应用都源自创作的需求，创作的需求也带动着工具的改进与革新。

1. 测量工具

测量工具包括游标卡尺（图1-1）、钢尺（图1-2）、戒指棒（图1-3），它们分别主要运用在金属板厚度测量、金属板表面测量、戒指戒圈测量等。

只有熟练地掌握了测量方法，才能准确把控实物的尺寸及比例关系，达到设想的效果。以上测量工具的使用方法会在具体操作时进行详细讲解与演示。

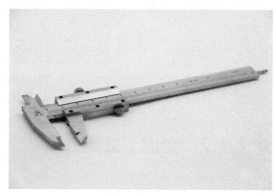

图1-1 游标卡尺

图1-2 钢尺

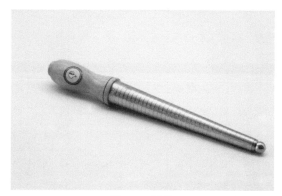

图1-3 戒指棒

2. 锯工艺工具

锯工艺是金属工艺中较为基础的工艺之一，也是金属工艺实际操作的重要技能，主要用在金属板锯切、镂空、图案成形制作等方面。同时，掌握锯工艺也为之后学习金属折角、金属开槽、焊接等工艺打下基础。锯工艺工具主要包括锯弓（图1-4）和锯条（图1-5）。锯弓的使用方法会在实际操作中具体讲解。

锯条尺寸参考表如下。

型号	厚度 /mm	宽度 /mm	适用材质
8/0	0.15	0.32	金属
7/0	0.16	0.34	金属
6/0	0.18	0.36	金属
5/0	0	0.4	金属
4/0	0.22	0.44	金属
3/0	0.24	0.48	金属
2/0	0.26	0.52	金属
1/0	0.28	0.65	金属
0#	0.28	0.58	金属
1#	0.3	0.63	金属
2#	0.36	0.7	木材
3#	0.38	0.74	木材
4#	0.39	0.8	木材
5#	0.4	0.85	木材
6#	0.44	0.94	塑料 / 亚克力
7#	0.47	1	塑料 / 亚克力
8#	0.5	1.15	塑料 / 亚克力

图1-4　锯弓

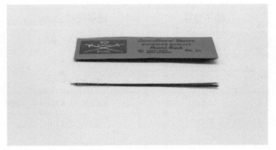

图1-5　锯条

3. 锉修工艺工具

锉修工艺是金属工艺中会频繁用到的一种工艺，当金属板经过裁切、锯切、焊接后都需要用到锉修工艺。锉修工艺工具包括锉刀、砂纸板、铜刷、抛光轮。用锉刀（图1-6）可以对金属表面、边角等进行打磨、修整。砂纸板（图1-7）可用于更为细致地打磨物体，让所制作的物品形体更为流畅与精准。铜刷（图1-8）可用于清理金属表面氧化层。可运用抛光轮（图1-9）对金属进行打磨、抛光。

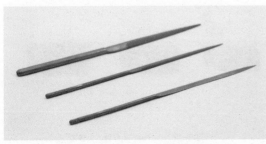

图1-6　白柄半圆锉、半圆锉、柳叶锉

图1-7　砂纸板

图1-8 铜刷

图1-9 砂纸卷、棉轮、胶轮、布轮

4. 敲打工艺工具

不同金属的软硬程度、延展性各不相同，因此在对其进行敲打时应选用不同材质的工具。锤子根据材料大致分为木槌（图1-10）、胶锤（图1-11）、铁锤（图1-12）三种，是用于金属成形、制作表面肌理和金属铆接的主要工具。戒指铁（图1-13）是用来对戒指进行敲打塑形的工具。方铁（图1-14）是用来敲平金属板的工具。

锤子尺寸参考表如下。

锤子型号	锤子尺寸 /mm
4 分	13×13×40
5 分	16×16×50
6 分	19×19×55
7 分	21×21×65
8 分	22×22×68
1 寸	24×24×70

图1-10 木槌

图1-11 胶锤

图1-12 6分锤、7分锤、1寸锤

图1-13　戒指铁

图1-14　方铁

5. 焊接工艺工具

焊接工艺中焊瓦（图1-15）是必不可少的，一切的焊接过程都需要在焊瓦上进行。镊子（图1-16）也是焊接工艺必备工具，可根据焊接物件的大小选择对应尺寸的镊子。

焊接的流程是比较复杂的。先放入硼砂（图1-17），然后选择银焊片（图1-18），用剪刀（图1-19）剪取，再用反弹夹（直嘴）（图1-20）、葫芦夹（图1-21）或"第三只手"（图1-22）来固定焊接物件，最后进行焊接。

焊接完成后需要把明矾（图1-23）放进明矾杯（图1-24）中并加水，加热至沸腾，放入焊接完成的金属进行煮制清洗工作。

图1-15　焊瓦

图1-16　10寸镊子、8寸镊子、6寸镊子

图1-17　硼砂

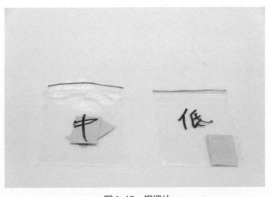

图1-18　银焊片

图1-19 剪刀

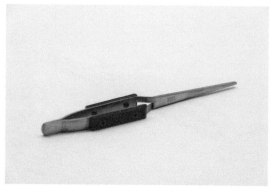

图1-20 反弹夹（直嘴）

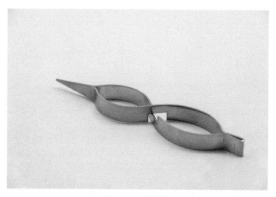

图1-21 葫芦夹

图1-22 "第三只手"

图1-23 明矾

图1-24 大、中、小明矾杯

6. 金属成形工具

金属成形包括：金属的弯折成形、敲打成形、焊接成形、拉伸成形、压制成形等。金属成形过程中运用最多的工具就是钳子（图1-25）。MTC剪钳（图1-26）是裁切金属线的必备工具。镶嵌刀（图1-27）是用来在金属板上留下凹槽，便于钻头（图1-28）进行金属板打孔的工具。戒指夹（图1-29）是用来固定小尺寸金属以便于进行锉修、打磨、裁切的工具。

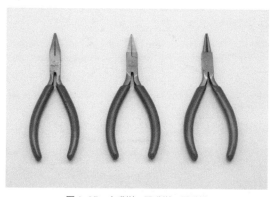

图1-25 尖嘴钳、平嘴钳、圆嘴钳

图1-26　MTC剪钳

图1-27　镶嵌刀

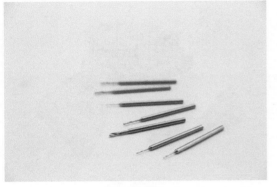

图1-28　钻头

图1-29　戒指夹

7. 辅助工具

辅助工具可以辅助创作，如油性笔（图1-30）、做金属链子的木棒（图1-31）、帮助铆接金属的大头钉（图1-32）、铲除金属表面杂物的铲刀（图1-33）、纸胶带（图1-34）、具有隔热功能的陶泥（图1-35）等。

这些工具并不是金属工艺里原有的，而是经过实践创作不断发现与收集的。能够帮助创作的工具都是必要的，涉及的创作形式与材料越广泛，能获取的新生工具就越多。

图1-30　油性笔

图1-31　木棒（6mm、8mm、15mm）

图1-32　大头钉

图1-33　铲刀

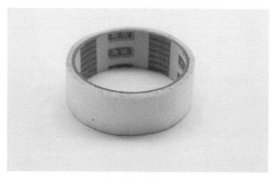

图1-34　纸胶带

图1-35　陶泥

◆ 1.2.2　工作台介绍

首饰制作金属工艺中工作台（图1-36）是必不可少的。首饰制作金属工艺的工作台与普通工作台是完全不同的。首先,台木(图1-37)是首饰制作金属工艺的工作台主要的特征。首饰制作金属工艺中大部分工艺都需要用到台木,如锯工艺、锉修工艺、打磨工艺、镶嵌工艺等。

图1-36　工作台

图1-37　台木

其次，首饰制作金属工艺的工作台的尺寸与其他工作台有区别。工作台的长度为80cm~120cm、宽度为60cm~80cm，高度为80cm~85cm，桌面厚度为4cm~6cm，桌腿厚度为5cm~7cm（以上尺寸仅作为一种参考，为市面上工作台常用尺寸）。

首饰制作金属工艺的工作台的材料尽量选择硬度高的实木（如榆木、水曲柳木、榉木等），这些材料比较厚重，稳定性好。

◆ 1.2.3 常用机械设备

首饰制作金属工艺中会运用各种机械设备。每一种工艺都会涉及相对应的机械设备，同时机械设备是由于创作中工艺的需求而产生的，因此机械设备不是对创作的限制与束缚。以下机械设备是首饰制作金属工艺中运用频率比较高的，同时也是不可或缺的基础配置。

台钳（图1-38）是对物件进行固定的机械，金属工艺中常用来进行金属固定打磨、工具固定维修安装、镶嵌等。

砂轮机（图1-39）主要用于硬金属的打磨塑形，如钢、铁、钛、白铜等的打磨塑形。

图1-38 台钳

图1-39 砂轮机

布轮抛光机（图1-40）是在最后一个环节进行手工打蜡抛光的机械，是金属表面处理必不可少的设备。

超声波清洗机（图1-41）是对小型金属缝隙里的杂质进行清理的设备。

图1-40 布轮抛光机

图1-41 超声波清洗机

拉丝机（图1-42）是用于对金属线与金属管拉制、抽线的机械，在金属工艺中使用的频率较高。

拉丝板（图1-43）是拉丝机的组成部分。常用的是圆孔拉丝板与方孔拉丝板，另外还有菱形孔拉丝板、椭圆孔拉丝板、五角星孔拉丝板等。

图1-42 拉丝机

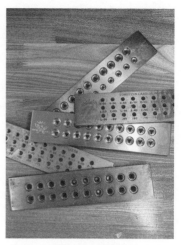

图1-43 拉丝板

压片机（图1-44）是用于对金属板与金属块进行压制的机械，可把厚尺寸的金属板压制成薄片，同时金属表面的肌理制作也要借助压片机来完成。

磁抛机（图1-45）是在最后一个环节对金属表面进行抛光的机械，也是金属表面处理中十分简单、便捷、智能、常用的设备。

图1-44 压片机

图1-45 磁抛机

机械工具桌（图1-46）是用来固定机械设备的，如压片机、台钳、拉丝机等，因此要求桌子具有一定的厚度与重量，这样才能使得机械设备坚固与稳定。

灭火器（图1-47）是必备的安全设施，在工作室的前后出口处都应该放置，并要放置在显眼且易拿到的位置。

台钻（图1-48）是进行金属打孔的机械，可以把金属板、金属块固定在台钻上进行打孔。同时，台钻的功率比较大，可以满足打大直径孔洞的需求。

图1-46　机械工具桌

图1-47　灭火器

图1-48　台钻

焊枪（图1-49）是安装在工作台上的必不可少的设备，主要用来对金属进行焊接，在金属退火、烘干、加热等环节也会频繁运用。

吊机（图1-50）是安装在工作台上的必备设备，主要用于金属打孔、金属打磨、金属表面处理等。

图1-49　焊枪

图1-50　吊机

◆ 1.2.4　工作空间基础设施及区域划分

　　需在工作空间配备基础设施以保证安全、科学、合理、有效地工作。基础设施的构建是工作空间规划的首要前提，一旦确定就不可轻易更改，如水电位置、插座分布、安全出口、采光措施等。因此，要在建造初期就把工作空间所需设施考虑齐全。

　　合理的空间区域分布对工作安全有极大的保障，同时会提高工作的效率，让首饰制作过程中工艺流程、工作顺序更为科学合理。工作空间整体可分为燃气存放区、加热焊接区、酸洗区、高温炉区、化学区、展示区等，如图 1-51 所示。

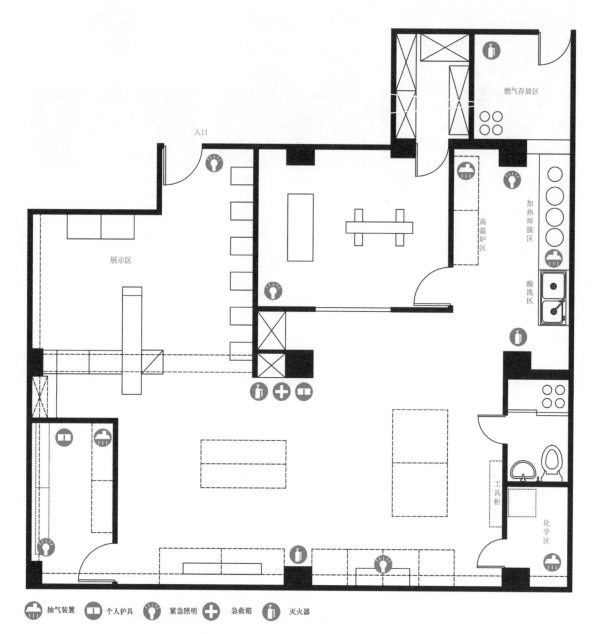

图 1-51　工作区域分布

1. 工作空间基础设施

①工作环境

工作室的规模可大可小，有时小到只能放下一个简单的工作台及基本的工具，有时大到是整栋建筑物。虽然金属工艺的技术范围很广，所用到的工具设备也很多，不同的技术需要不同的规划，但并不表示只有具备完整的工具设备才能开始工作。

②充足的光源

一些关于工厂设置的研究报告显示，光源与意外事件的发生有极为密切的关联性，所以合理的光源布置非常重要。光源分为自然光源与人为光源，自然光源与窗户的大小、位置有关；人为光源可分为一般照明和局部照明，一般照明指工作室全域的光亮，局部照明则指在个别工作岗位加强光亮，通常这两种光源相互配合使用。

③适宜的温度与良好的通风

适宜的温度是指适合进行劳作及工艺制作的温度，一般在18℃~28℃之间最佳，不会让人感到过冷，也不会过热，比较适合工作与机械设备的操作，同时适宜的温度也有利于机械设备的运行与维护。密闭的空间容易使人觉得闷，在进行一些会产生对人体有害物质的操作时，例如使用化学药剂清洗金属、化学染色、打磨抛光等，都需要在通风良好的条件下进行。另外，常使用的焊接技法也会产生一些未完全燃烧的燃气或其他废气。因此具备良好的通风条件对工作室至关重要。

④水源

拥有水源是工作室很重要的条件，有很多技法或清理的工作都涉及水，如焊接之后金属的清理、酸洗完后清水的冲洗、退火之后金属的冷却、化学试剂的调配、金属抛光环节的清洗等。一般拥有冷水即可，如能拥有热水，会提高某些工作的效率，例如清理油渍污垢、需要温度的化学处理、超声波清洗等。

⑤电源

很多机械设备都需要电源，如果重新规划工作室，必须先设计好所有设备的用电量，申请足够的总电源。用电量较大的设备，可以单独设置电回路及专用开关。电量供应不足会导致跳闸，电源不稳定也容易损坏设备。如需使用延长线，也应使用质量好的、有安全保障的延长线。但是太多的延长线会增加工作区域的危险性。

⑥隔音、防震设备

只要用锤子敲击金属就会产生声响，操作的方式与工具不同、物件大小不同，声音的呈现与强度也会有所差异。制作小型物件所产生的声音小且时间短，只需要配置防震垫来减小声音音量，不需要做较大工程的隔音处理。若要制作大型物件，则所产生的声音大且时间长，如锻造技法需要长时间敲打大片金属，会产生让人无法忍受的敲击声，就需要对工作空间进行隔音处理，除了隔音还需要考虑使用防震垫来减轻地板的震动。

2.工作区域的划分

①个人工作区域

个人工作区域有个人常使用的工作台及相关工具用品等，是整个工作室最为重要的区域。此区域可以最先规划，选择工作室中视野、光线、方位最适合自己的地方。

②机械区

机械区放置一些辅助加工机械，如拉丝机、压片机、大型裁片机、抽真空机、电焊机等。操作机械时空间必须足够大。

③加热焊接区

加热焊接区是使用火源的区域，有耐火砖等隔热设备。气体和白电油的储藏必须远离这个区域，以免存在安全隐患。该区域应保证良好的通风，并配备灭火装置。

④酸洗区

酸洗区是金属焊接后清洗处理的区域，包含酸槽及水槽。此区域可以配备一些储物架，放置相关用品、材料，同时要配备抽风换气装置。

⑤抛光区

使用抛光机器时，会产生大量的粉尘，所以应在抛光区配备吸尘设备，也尽量使该区域与其他需要干净环境的工作区分开。安全防护用具及其他用具可放置在旁边，便于工作时使用。

⑥锻造区

锻造区是锻造各种金属的区域。如果是独立的空间，可以考虑配备隔音装置，减少噪声。

⑦化学区

化学区是调配使用化学试剂的工作区域，如金属做旧、金属表面处理、腐蚀、上色等操作均在该区域进行。该区域需要有较好的通风设备，保证空气的流通，另外最好靠近水源，便于清洗。

⑧珐琅区

珐琅区是烧制珐琅工艺的区域，必须保证有干净的工作环境，避免有粉屑杂物掉在珐琅粉内。因此可放置一组清洁用具在此工作区。

⑨储藏空间

储藏空间是放置各种金属材料、消耗品、配件、杂物等的区域。金属储藏架的设计要考虑到金属材料的尺寸与工具的数量，小的金属材料与工具可以放在抽屉里。

第 2 章

基础工艺

CHAPTER 02

本章主要讲解金属的测量与裁切、金属锯切与钻孔及金属锉修。此章介绍金属工艺的基础，也被称为入门工艺。每个工艺环节都要熟练地掌握，为做复杂的金属造型打下扎实的基础。

另外，基础工艺中测量、锯切、锉修等工艺，会被频繁运用。无论是做哪一种金属工艺，都需要对金属进行尺寸测量和裁切，在制作的最后阶段，都会涉及金属的锉修工艺。因此，只有把基础工艺掌握好，才可以在此之上有更为复杂、多样、奇趣的创作可能。

一件金属工艺作品的大小比例关系，取决于前期对材料的测量与裁切，其物件工艺的精致程度取决于锉修与打磨。因此，每一个环节都离不开基础工艺，只有具备扎实的基础工艺才能使得所呈现的物件具有生命力。

2.1 金属的测量与裁切

测量与裁切是首饰制作的下料环节，工艺的制作中材料是否够用、物件的比例是否准确、尺寸是否合适等，都能体现金属测量与裁切的重要性。

金属的测量主要用到的工具是卡尺，对卡尺的运用与数据读取的掌握尤为重要，需要大量地练习才可以熟练掌握，并确保准确无误。裁切的工具繁多，应根据不同尺寸的金属选择不同的裁切工具，具体操作及注意事项后文会具体讲解。

◆ 2.1.1　测量工具介绍

卡尺是常用的测量工具，分为游标卡尺（图2-1）与电子卡尺（图2-2）。建议先学习与掌握游标卡尺的使用方法、测量方法、数据读取方法，再学习掌握电子卡尺。同时，市面上还有形式各样的测量工具，其原理与操作方法都是游标卡尺的延伸，测量与数据读取方法大致相同。

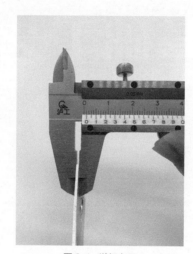

图2-1　游标卡尺

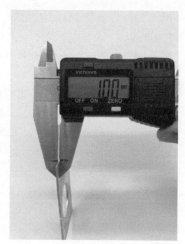

图2-2　电子卡尺

◆ 2.1.2　测量的操作

使用卡尺测量时，把所要测量的物体与卡尺两边贴合，不要留有空隙。若使用普通卡尺，最终读取的数值确认到小数点后一位即可；若使用电子卡尺，其默认显示的测量数值为小数点后两位，操作中只读取小数点后一位即可。

读取游标卡尺测量的数据时，首先读卡尺下排的数值，找到下排数字0所对应的中间一行数值。如卡尺下排数字0所对应的数值正好与中间一行某数值重叠，那么所重叠的这个数值就是测量的结果数值。

如卡尺下排数字0所对应的数值正好与中间一行某数值不重叠，先看下排数字0所对应的数值超过中间一行哪个数值，再看0后面哪个数值与中间一行数值重叠，即可得到测量结果。图2-3中下排数字0所对应的数值超过13mm，0后面7与中间一行数值重叠，则结果数值为13.7mm。

图2-4中下排数字0对应的数值超过6mm，0后面4.5与中间一行数值重叠，则结果数值为6.45mm。

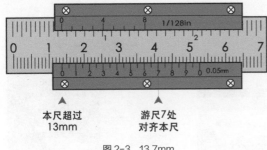
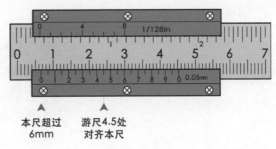

本尺超过 13mm　　游尺7处对齐本尺　　　　本尺超过 6mm　　游尺4.5处对齐本尺

图2-3　13.7mm　　　　　　　　　　　图2-4　6.45mm

1. 测量（一）

读取游标卡尺测量的数据时，首先读卡尺下排的数值，找到下排数字 0 所对应的中间一行数值。如卡尺下排数字 0 所对应的数值正好与中间一行某数值重叠，那么所重叠的这个数值就是测量的结果数值，图 2-5 所示的数值为 4.0mm。

电子卡尺的测量比较智能，液晶显示屏会自动显示最终测量的数值，图 2-6 所示的数值为 4.0mm。所有卡尺测量的单位统一使用毫米（mm）。

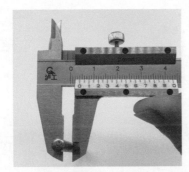

图2-5　游标卡尺：4.0mm　　　　　图2-6　电子卡尺：4.0mm

2. 测量（二）

读取游标卡尺的数值时，如卡尺下排数字 0 所对应的数值与中间一行某数值不重叠，那么就先确定下排数字 0 超过中间一行的哪个数值，所超过的数值则为最终数值的整数部分。

再看 0 后边的数值中哪一个数值与中间一行的数值重叠，重叠的数值则为小数点后的数字。图 2-7 和图 2-8 中游标卡尺与电子卡尺所测量出的最终数值为 6.8mm。

图2-7　普通卡尺：6.8mm　　　　　图2-8　电子卡尺：6.8mm

3. 测量（三）

卡尺的顶部是用来测量物体内径的，如戒圈内径、圆管内径、圆环内径等，测量时卡尺的两边要与测量物紧密贴合，不要留有空隙，其最终数值的读取与前文方法相同。图2-9和图2-10中普通卡尺与电子卡尺所测量出的数值为15.6mm。

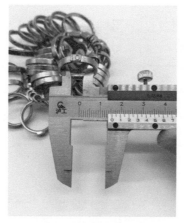 

图2-9　普通卡尺：15.6mm　　　　图2-10　电子卡尺：15.6mm

4. 测量（四）

卡尺的底部是用来测量物体深度的，如管状体、杯状体、空心体等。测量时将卡尺的深度尺插入要测量的物体内，让深度尺底部与测量物的底部完全齐平（图2-11、图2-12），这样才能准确地测量出物体的深度，其最终数值的读取与上述方法相同。

图2-11　深度尺与测量物底部齐平　　　　图2-12　金属管深度测量

◆ 2.1.3　金属裁切工具介绍

金属裁切对象有金属板、金属线和金属棒。裁切工具大致可分为：大型裁切机（图2-13），中型手动裁刀（图2-14），大号剪刀（图2-15），中、小号剪刀（图2-16）。不同裁切工具裁切不同尺寸、厚度、直径的金属。手动裁切机器相对电动裁切机器更加安全且容易操作，建议初学者选择手动裁切机器。

图2-13　大型裁切机　　　　图2-14　中型手动裁刀

图2-15 大号剪刀

图2-16 中、小号剪刀

◆ 2.1.4 金属裁切的操作

首先使用油性笔与钢尺在金属板上画出要裁切的区域（图2-17），然后确认所要裁切金属板的尺寸（图2-18），并选择对应的裁切工具，用剪刀进行裁切（图2-19），裁切完成（图2-20）。厚度在0.8mm以上的金属板可选择裁刀进行裁切，厚度在0.8mm以下的金属板可以选择剪刀进行裁切。

注意：裁切金属之前不需要对金属退火，坚硬的金属在裁切时便于操作。

图2-17 油性笔标记

图2-18 确认尺寸

图2-19 裁切

图2-20 裁切完成

2.2 锯切与钻孔工艺

锯切与钻孔是金属工艺制作中的入门技法。只有通过实操的方式了解金属与工艺之间的关系，并进行大量的练习才可以熟练掌握这些技法。锯切与钻孔也是金属工艺中基础的工艺，复杂的金属工艺都是建立在此基础之上的。同时，在首饰制作中该技法的运用频率也是比较高的。

锯弓有两种形式：可调节式（图2-21）与固定式（图2-22）。锯切时的操作方法是相同的，即锯弓与物体要始终在垂直状态下进行锯切（图2-23）。两种形式的差别在于可调节式锯弓可以调整弓深的长度，以配合折断的锯条长度做调整而再次使用，固定式锯弓则需使用完整长度的锯条。选择锯弓时，需检查两端夹锁锯丝的翼形螺丝帽，使用手扭转便可将其稳固紧锁。有一些品质不良的锯弓，必须用手钳才能将螺丝帽拴紧以夹住锯条，使用时非常不方便，螺丝帽也会很快被磨损，而无法夹住锯条。

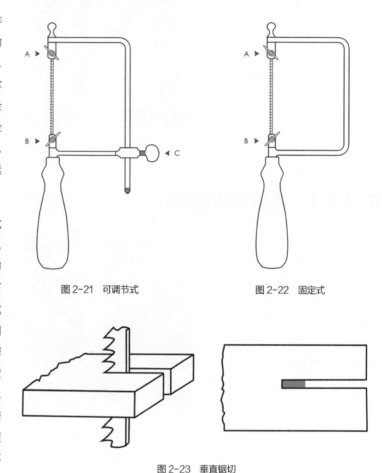

图 2-21　可调节式　　　　　　图 2-22　固定式

图 2-23　垂直锯切

锯条由一种特殊的钢铁合金制作而成，经过精确的锻造与硬化处理，其标准长度为13.3cm。锯条的尺寸从最细的8/0到最粗的8号，可分别锯切厚度不同的金属。一般来讲，薄金属使用细锯条，可进行精细图案锯切操作，且在使用中不容易被金属卡住，但施力不当容易折断。粗锯条的工作效率高，且在使用中不容易折断，但锯出的线条较粗，不易于精准造型。最常使用的锯条尺寸是3/0至4#。

锯条尺寸参数表如下。

型号	厚度 /mm	宽度 /mm	适用材质
8/0	0.15	0.32	金属
7/0	0.16	0.34	金属
6/0	0.18	0.36	金属
5/0	0	0.4	金属
4/0	0.22	0.44	金属
3/0	0.24	0.48	金属
2/0	0.26	0.52	金属
1/0	0.28	0.65	金属
0#	0.28	0.58	金属
1#	0.3	0.63	金属
2#	0.36	0.7	木材
3#	0.38	0.74	木材
4#	0.39	0.8	木材
5#	0.4	0.85	木材
6#	0.44	0.94	塑料 / 亚克力
7#	0.47	1	塑料 / 亚克力
8#	0.5	1.15	塑料 / 亚克力

◆ 2.2.1　直线锯切

首先在一扎锯条（图 2-24）中抽出其中一根（图 2-25），10 根为一扎。把锯条平放入锯弓（图 2-26），先拧紧锯弓下面的螺丝帽让其一端夹紧锯条（图 2-27），再顶着锯弓拧紧另一端的螺丝帽（图 2-28），完成后检查锯条的紧绷程度是否适中（图 2-29）。

图 2-24　一扎锯条

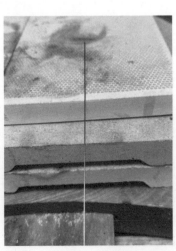

图 2-25　一根锯条

图 2-26　放入锯条

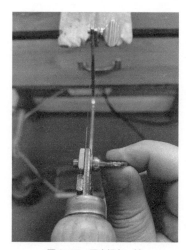

图 2-27　固定锯条一端

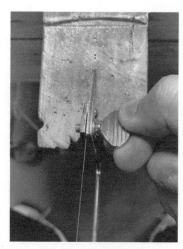

图 2-28　固定锯条另一端

图 2-29　检查锯条的紧绷程度

在锯切之前用蜡涂抹锯条（图 2-30），这样在锯切时更加顺畅且不易折断锯条。锯切时要始终保持锯条与金属板成 90°（图 2-31），这样可降低在锯切时锯条折断的可能性。另外，在锯切的过程中，手一定要把金属板按压牢固，防止其移动或偏移，锯切时要有节奏地匀速锯切。锯切完成（图 2-32）。

所要注意的是，锯切时锯弓向前倾斜（图 2-33）或向后倾斜（图 2-34）都是错误的，易导致锯条折断（图 2-35），这是锯切过程中最容易犯的错误，因此要时刻调整锯弓与金属板的角度。

锯切时，锯弓往下走的时候手要用力下拉，锯弓往上走的时候手要放松抬起。在锯的过程中不要着急，把锯切速度放慢一些会更加易于操作。

图 2-30　给锯条涂抹蜡

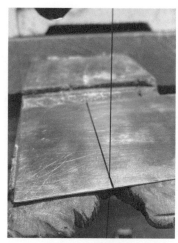

图 2-31　锯切

图 2-32　锯切完成

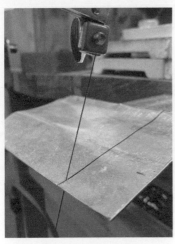

图 2-33　锯弓向前倾斜

图 2-34　锯弓向后倾斜

图 2-35　锯条折断

◆ 2.2.2　曲线锯切

曲线锯切与直线锯切的操作方法相似，首先使用油性笔在金属板上标记所要锯切的线条（图 2-36），标记完成后进行检查确认（图 2-37）。

锯切过程中要始终保持锯条与金属板成 90°（图 2-38）。局部锯切完成（图 2-39）。继续锯切（图 2-40）。注意锯弓在线条转弯处时手臂要放松，转弯的过程中要保持锯弓在锯切的状态。锯切过程中不要着急，要保持匀速的锯切节奏，时刻关注锯条与图案之间的关系，如发现有偏差应及时进行调整。锯切完成（图 2-41）。

注意：在转弯时直接扭转锯弓或停顿锯切，易出现锯条折断的情况。

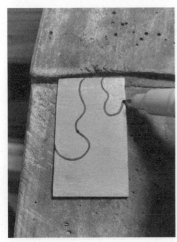

图 2-36　油性笔标记

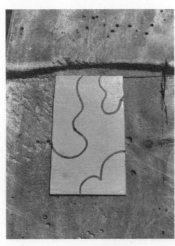

图 2-37　标记完成

图 2-38　金属板锯切

图 2-39　局部锯切完成

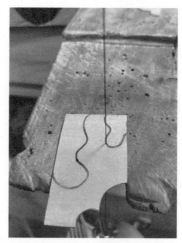

图 2-40　继续锯切

图 2-41　锯切完成

◆ 2.2.3　直角锯切

直角锯切与曲线锯切的操作方法完全相同，首先也是用油性笔在金属板上标记出所要锯切的线条（图 2-42、图 2-43）。

然后，在锯切过程中，锯条要与金属板始终保持垂直（图 2-44），在转动锯弓的同时一定要保持锯弓处于锯切状态，这样才可以顺利完成直角锯切（图 2-45）。不可以在锯弓静止时直接转弯，否则易出现锯条折断的情况。

图 2-42　油性笔标记

图 2-43　标记完成

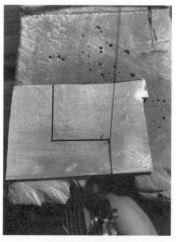

图 2-44　垂直锯切

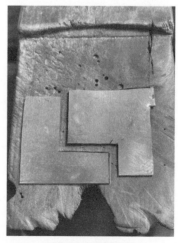

图 2-45　锯切完成

◆ 2.2.4 钻孔的注意事项及操作

钻孔时使用一些润滑油（机油），可降低钻头高速旋转产生的热，并且具有润滑作用，能使钻孔过程较为顺利。

钻孔时切勿一直施加压力，应采取间断式施压，如此可降低钻头与金属高速摩擦产生的热；稍微将钻头放松抬起，可顺利将金属屑带出，施加过多的压力容易使钻头折断。需要注意钻头的品质，便宜的钻头很快便被耗损而无法使用，建议选择高品质的钢制钻头。

在金属板上钻孔所需要的工具是麻花钻头。钻头分不同尺寸（图2-46），应根据所需孔洞的直径选择相对应的钻头尺寸。

钻头在金属板表面打孔时不小心就会出现划痕，称为钻头滑脱。为了避免此情况发生，可以先用镶嵌刀在金属板表面上留下凹槽，进行定位（图2-47），这样钻头在钻孔时就不会出现钻头滑脱现象。在钻孔时钻头与金属板表面始终要保持垂直（图2-48），钻孔完成（图2-49）。钻孔时不要倾斜，否则会使得钻头断裂。

当需要钻大直径（如直径在1.2mm以上）孔洞时，首先需要钻好一个小直径（0.6mm~1mm）的孔洞（图2-50、图2-51），在此之上，再钻所需大直径的孔洞（图2-52、图2-53）。钻头直径越小，打孔时受到的阻力也越小，因此其易于在金属板上进行初次钻孔。

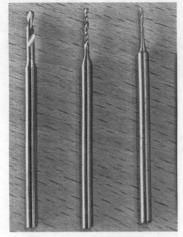

图2-46　各种尺寸的钻头

图2-47　镶嵌刀定位

图2-48　钻孔

图2-49　钻孔完成

图2-50　先钻小直径孔洞

图2-51　小直径孔洞钻孔完成

图 2-52　再钻大直径孔洞

图 2-53　大直径孔洞钻孔完成

◆ **2.2.5　镂空**

　　金属板上的镂空图案简称为镂空。首先使用油性笔在金属板表面上标记出所要镂空的图案（图2-54、图2-55）。

　　然后使用镶嵌刀在金属板表面上定位（图2-56），并用麻花钻头在图案上钻出一个孔洞（图2-57、图2-58），要保证锯条可以穿过该孔洞并留有多余空间（图2-59），这样便于锯切（图2-60）。锯切完成后取出锯条与锯切下来的金属，制作完成（图2-61）。

　　注意：如需要镂空的图案比较复杂，可以在金属板上多钻一些孔洞，这样锯切过程中可停顿，有助于随时调整锯切方向。

图 2-54　油性笔标记图案

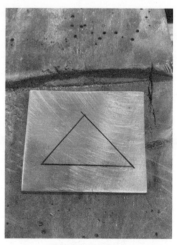

图 2-55　标记完成

图 2-56 镶嵌刀定位

图 2-57 钻孔

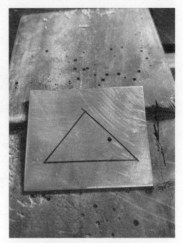

图 2-58 钻孔完成

图 2-59 锯条穿过

图 2-60 锯切图案

图 2-61 制作完成

2.3 锉修工艺

锉修工艺是首饰制作中使用较为频繁的，也是金属工艺中较为基础的工艺。锉刀是一种打磨修整金属的工具，主要用于去除金属表面瑕疵、修整外形、金属开槽、去除金属表面氧化层等。

锉刀的样式和尺寸有很多，市面上常见的有板锉、半圆锉、刀锉、三角锉、四方锉、圆锉、竹叶锉等（图2-62），根据所要修整的金属形状以及锉修的位置选择合适的锉刀（图2-63）。

锉修金属平面时，将锉刀向前平直地锉过整个表面，不要停留在某个部位，否则容易造成凹痕。若是不慎造成凹痕，可将工作物转个角度或改变锉刀方向，重新修整。平面锉修如图2-64所示。

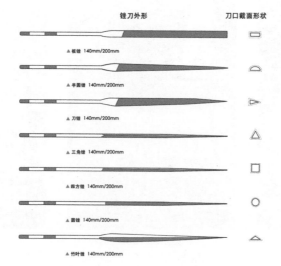

锉刀外形 　　　　　　　　　刀口截面形状

▲ 板锉 140mm/200mm

▲ 半圆锉 140mm/200mm

▲ 刀锉 140mm/200mm

▲ 三角锉 140mm/200mm

▲ 四方锉 140mm/200mm

▲ 圆锉 140mm/200mm

▲ 竹叶锉 140mm/200mm

图 2-62　锉刀样式

图 2-63　锉修位置及对应使用的锉刀

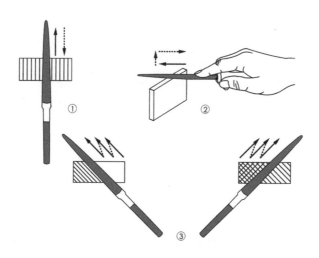

图 2-64　平面锉修

锉修金属弧面时，首先从金属的两个尖角处开始修整，之后会呈现四个小尖角，这时再把小尖角锉修掉，就会出现弧面，弧面锉修见图2-65。

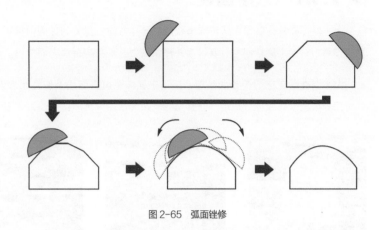

图2-65 弧面锉修

锉修金属圆面时有两种方法，即滚圆法和切圆法（图2-66）。滚圆法：使用锉刀始终沿圆片的切线锉修，使用这种方法可以获得圆滑的表面，线条过渡非常自然。切圆法：使用锉刀垂直于圆片进行弧形锉修，使用这种方法可以快速修整金属边，达到基本效果。

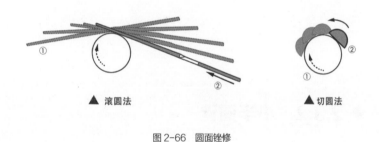

▲ 滚圆法　　　　▲ 切圆法

图2-66 圆面锉修

若锉修的物件太小难以紧握，可用一些辅助夹具，如戒指夹、台钳等固定（图2-67、图2-68），再将夹具靠在台木上或放在工作台上进行锉修。使用夹具时注意对工作物的保护，可在夹具与工作物间放置皮革、棉布、纸张等作保护之用。

图2-67 戒指夹固定

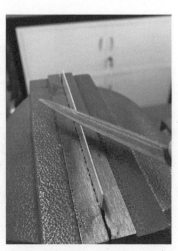

图2-68 台钳固定

◆ 2.3.1　大半圆锉

大半圆锉在首饰制作中运用频率较高。操作方法：用力匀速向前推进大半圆锉，只在金属表面向前推送时发生作用力；大半圆锉回程时要提起并停止发力，避免与金属表面接触。

大半圆锉的正面为平整的纹理，适用于锉修金属直面或金属直线边沿（图 2-69、图 2-70）。大半圆锉的背面为半圆形弧纹理，适用于修整与修复金属曲面或金属曲线边沿（图 2-71、图 2-72）。

图 2-69　修整金属直线边沿　　　图 2-70　修整完成　　　图 2-71　修整金属曲线边沿　　　图 2-72　修整完成

◆ 2.3.2　小半圆锉

小半圆锉两面都带有齿纹，其中一面为平板齿纹，另一面为半圆齿纹。平板齿纹的用法及用处与板锉相似，用于锉修金属直面或金属直线边沿。用小半圆锉修整金属直线边沿如图 2-73、图 2-74 所示。

半圆齿纹则用于小尺寸金属曲面或曲线边沿的修整与打磨。用小半圆锉修整金属曲线边沿如图 2-75、图 2-76 所示。小半圆锉的用法与大半圆锉一样，仅在向前推进时用力，回程时提起，避免来回摩擦。

图 2-73　修整金属直线边沿　　　图 2-74　修整完成　　　图 2-75　修整金属曲线边沿　　　图 2-76　修整完成

◆ 2.3.3 柳叶锉

柳叶锉一面带有齿纹，另外两面没有齿纹，刀口整体为等腰三角形，因如同柳叶而得名。其带有齿纹一面的使用方法与用处和板锉相似。柳叶锉主要的用途在于修整带有角的金属，如修整金属直角或60°夹角（图2-77、图2-78）。当然，柳叶锉也可以用于金属直线边沿的修整（图2-79、图2-80）。

 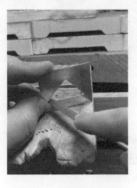  

图2-77 修整直角　　图2-78 修整60°夹角　　图2-79 修整金属直线边沿　　图2-80 修整完成

◆ 2.3.4 三角锉

三角锉主要用于对金属板开槽，便于做折角造型。由于三角锉具有三条棱，可以很轻易地在金属板表面上锉出凹痕。先在金属板面上开槽（图2-81、图2-82），之后把金属板沿着凹痕折起来（图2-83），就可以得到一个棱角清晰的金属边沿（图2-84）。因此三角锉是金属开槽工具中上佳的选择，其使用与操作方法与以上锉刀相似。

图2-81 三角锉进行开槽　　　　图2-82 金属板表面留下凹痕

图2-83 沿凹痕折起　　　　图2-84 折角完成

◆ 2.3.5　锉刀的清理与维护

锉刀多数为钢材质，比较坚硬，但由于硬度过高而又易于断裂，因此，要避免锉刀从高处落下而损坏。在清理锉刀的时候可以用干燥的铜刷顺着锉刀的正面纹路刷除杂质（图2-85），其缝隙中残留的杂物可用金属板或钢针剔除（图2-86、图2-87）。锉刀的反面也是用同样的方法进行清理。

锉刀要避免与液体（水、化学试剂、饮料、做旧液等）接触，以免发生锈蚀，影响锉刀的正常使用。收纳锉刀时可以在锉刀表面涂抹机油（图2-88），防止表面生锈及氧化，最后拿油纸包裹起来（图2-89、图2-90），放置于干燥通风处储藏。

在锉修的过程中，常有金属碎屑卡在锉刀齿纹内，降低锉修的效率，同时被卡住的碎屑也容易刮伤工作物的表面。为防止此状况发生，可在锉修后，将锉刀前端轻敲几下，震松卡住的碎屑。

锉刀应分开放置，切勿随意将所有锉刀丢在抽屉内，任其互相碰撞磨损。可以把锉刀分别垂直插放在工作台预先钻好孔的木座上，方便在工作时取出、放回。不要直接握在锉刀齿纹上，因为手汗容易造成锉刀生锈。

旧的或已经不锐利的锉刀，仍有使用的价值，不要丢弃，可用来锉修较软材质的工作物，如木材、塑料、亚克力、石膏等。

图2-85　用铜刷清理

图2-86　用金属板清理

图2-87　用钢针清理

图2-88　涂抹机油

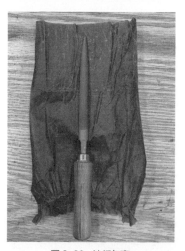

图2-89　油纸包裹

图2-90　包裹完毕

第 3 章

金属的接合

CHAPTER 03

本章主要介绍金属的焊接工艺和金属冷连接工艺。在金属工艺中，金属的接合较为重要，也是在工艺中运用较多的技能。

焊接工艺是本章的核心内容。焊接工艺也是最难以掌握的技能之一，只有多加练习方可熟知金属与焊枪之间的关系、焊枪火焰大小与金属受热程度的关系，以及金属的熔点与焊料熔点之间的关系。熟练掌握金属焊接工艺，对于创作而言，能使得金属造型更为丰富、手工技艺更为精湛、成品更具有品质。

对金属冷连接工艺的掌握，则增加了金属连接的可能性，也是对金属焊接的补充。金属冷连接工艺适用于不可加热焊接的金属、不可受热的材料、不可整体加热焊接的修整等。其技能的掌握相对于金属焊接而言比较容易，但也需要多加练习。冷连接工艺在金属工艺中运用十分广泛，在金属制作开合、旋转、位移结构中运用较多，因此掌握此工艺也是必需的。

3.1 焊接工艺

焊接工艺的操作步骤与具体实施都比较繁杂，需要进行大量的练习才可以熟练掌握。焊接工艺在金属工艺中是必须要掌握的技能，金属与金属之间的连接主要通过焊接来完成，只有熟练掌握了焊接工艺，才能使创作更为丰富多样。

焊接工艺在首饰制作中运用十分广泛且频繁，金属与金属之间的衔接大多要通过焊接来完成。焊接工艺也是检验金属工艺技能的重要环节，焊接工艺的掌握程度能够体现工艺的精湛程度，让所制作出的物件更为精致、准确、标准。

◆ 3.1.1 焊料的介绍与分类

焊料是一种不含铁的合金，依不同的需要以不同比例的金属组合而成。当温度达到焊料的熔点时，焊料即熔解成液态，由于其具备很好的流动性，因此会在金属的焊接处流动，将金属无缝衔接。

焊接工艺中不可或缺的就是焊料，常见的金属焊料分为金焊料、银焊料、铜焊料，每种焊料对应不同的金属的焊接，以下详细介绍银焊料。

银焊料主要以银和铜两种金属配制而成，较好的比例是72%的银与28%的铜，熔点为778℃，但大部分银焊料由银、铜、锌三种金属制成。

银焊料具有可锻造性及延展性，市面上可购得的银焊料形式有片状（图3-1）、碎片状（图3-2）、粉末状（图3-3）。银焊料用处广泛，适用于多种金属的焊接，如金、银、铜，含锌的银焊料可焊接钢、铁、镍合金。

图 3-1　片状银焊料

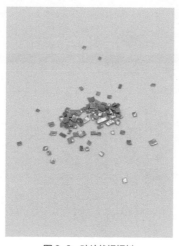

图 3-2　碎片状银焊料

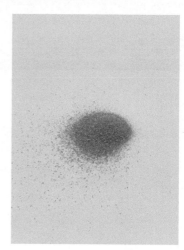

图 3-3　粉末状银焊料

银焊料的具体分类如下。

①超高温银焊料

熔点最高的银焊料，用于某些特殊状况的焊接，如烧制珐琅之前的焊接，焊料的熔点必须高于熔解珐琅的温度，以免焊料在烧制珐琅的过程中熔解。超高温银焊料的熔点接近925银的熔点，因此使用超高温银焊料时，需要特别小心。

②高温银焊料

同一物件若有几个焊接点，先用高温银焊料焊接，再依次使用中温及低温银焊料。

③中温银焊料

中温银焊料为一般用途的焊料。

④低温银焊料

低温银焊料通常用于最后的焊接，其流动性及渗透性均佳。

⑤超低温银焊料

超低温银焊料是熔点最低的银焊料，主要用于物件的维修，由于含银量比例较少，因此呈现淡黄色，甚至接近黄铜的色泽。

银焊料基本配比参考如下。

焊料类型	基本配比		熔点
	银	铜（黄铜）	
低温银焊料	50%	50%	600℃ ~ 650℃
中温银焊料	70%	30%	650℃ ~ 740℃
高温银焊料	80%	20%	740℃ ~ 800℃

◆ 3.1.2 辅助焊接的配件

金属在焊接之前需对焊接处进行清洗，如酸洗、刷洗、砂纸打磨清理等。硼砂（图3-4）可对清洗后的金属在焊接时起到很好的保护作用，使焊接处加热时不受到氧化层的阻碍，同时又有助于焊料更好地熔化。

硼砂是一种白色的结晶体，在760℃的高温下变成液态，能够分解金属表面的氧化物。粉状硼砂与水混合后（图3-5），会出现结晶及变成固态的趋势，固态的硼砂含有大约47%的水结晶体，遇热时被驱出，使得助熔剂呈现膨胀、起泡的现象，造成小片银焊料移位。

图3-4 硼砂

图3-5 硼砂与水混合

硼砂的使用方法：可以直接把硼砂粉洒在金属焊接处（图3-6），然后用火加热成晶体状（图3-7、图3-8）；也可以与水混合，用小毛笔将其涂抹在金属焊接处（图3-9、图3-10），然后用火加热成粉末状（图3-11、图3-12）。

焊接完成后金属表面会留下晶体状硼砂，因此需要用到明矾（图3-13）。将金属放入明矾中，通过加热煮沸的方式把金属上面呈晶体状的硼砂煮制干净（图3-14），最后放置于清水中清洗即可（图3-15）。也可以通过泡酸（稀硫酸）的方式清除金属表面结晶。

注意：金属焊接后所遗留的晶体状硼砂硬度较高，如不及时进行清理，在之后锉修环节中会对锉刀的纹路有所损坏。

图3-6　硼砂粉

图3-7　加热

图3-8　晶体状硼砂

图3-9　加水的硼砂

图3-10　涂抹硼砂水

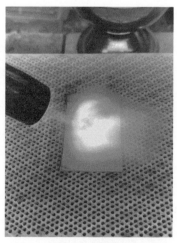

图3-11　加热

图3-12　粉末状硼砂

图3-13 明矾

图3-14 煮制沸腾

图3-15 清水清洗

焊接用的耐火材料有以下几种。

石棉板。石棉板在高温下不会燃烧，组织较松，适合插入固定针以固定焊接物件，所以可作为隔热板或焊接台，但吸入石棉纤维对人体有不良的影响，所以最好选择其他耐火材料。

木炭。在金属工艺领域，以木炭作为耐火材料已有悠久的历史。与一般家用的木炭不同，用于焊接的木炭以较硬木材的中心部分制作而成，受热时不会产生爆裂声、火花或烟雾。

耐火砖。耐火砖分为硬与软两种，以耐火土制成，可耐1600℃高温，所以硬的耐火砖常被用来铺设焊接桌，软的耐火砖可以插入固定针以固定物件，亦可用锉刀修整造型。

石膏。石膏一般用于制模及脱蜡铸造，硬化干燥后，可耐高温，因此焊接时可用于固定难以控制的物件或多单元体组成的物件。

◆ 3.1.3　焊接步骤及注意事项

在进行金属的焊接时，焊接步骤是极其重要的。焊接的过程中步骤是否合理，直接影响焊接物件的结果与效果的好坏。只有熟悉焊接的步骤才能在焊接过程中保持思路清晰，遇到突发状况时不会手足无措。再次焊接时，才能够明确流程与环节，即使在焊接的过程中失败了，也可以根据步骤来找出过失之处，并及时做出改进与调整。

焊接的过程中可能有各种原因导致焊接失败，如金属表面氧化、焊枪火焰过柔、温度不够、焊接步骤不对等。因此，需把所遇见的情况进行收集与整理，时刻注意这些事项，这样才可以在之后的焊接中做到万无一失。

1. 焊接步骤

全域加热。当接合部位的温度与焊料同时达到焊料的熔点时，焊料才会开始流动，因此加热的步骤为：先将整个物件慢慢加热，然后将火焰靠近接合处，当接合处温度接近焊料熔点时，再将火焰集中于接合处与焊料。

局部加热。当接合处温度接近焊料熔点时，将火焰集中于接合处与焊料，当焊料开始熔解后，便以火焰将熔解的焊料慢慢带往整段接合线。观察焊料流动的速度以调整焊枪移动的速度，当焊料流过整段接合线后，将焊枪移开。若事先排放的焊料不够，此时可补放一些焊料，先将焊料熔成球状，再使用镊子将焊料移到接合处，再继续焊接。过程中过度加热将使焊料熔解于整个金属表面，若加热不均匀则使焊料流向温度较高的接合处。

移开火焰。当焊料流过整段接合线后，让火焰停留 1 秒，移开焊枪，让液态焊料凝结成固态。

2. 焊接注意事项

选择合适尺寸的焊接镊子。

倘若焊料形成球状而无法熔解，通常是因为接合处有污物或产生氧化现象，此时最好停止焊接，将物件清理干净，使用新的焊料，再开始焊接。

过度加热将造成以下几种状况：焊接中低熔点的金属被熔化，造成金属孔状表面；焊料大面积流向临接金属表面。

金属线材升温较快，宜使用温和的火焰，以避免被熔化。

焊接厚薄不同的金属时，要注意接合的金属温度需同时达到焊接熔点，因此可将火焰先集中于较厚的金属部件，等接近焊料熔点时，再加热整个物件。

焊接不同金属时，其导热性不同，有时会造成某种金属的过度加热。为避免此现象，先加热熔点较高的金属，或使用较低熔点的焊料。

焊接大尺寸物件时，为避免焊接时间过长，先使用较强的火焰快速加热整个物件，但要避开接合处，等温度接近焊料熔点时，将火焰适度调小并集中于接合处。

◆ 3.1.4 焊接的具体操作

焊接方法一。首先把要焊接的两片金属清洗干净，并确保要焊接的部分可以严丝合缝地对接。然后取适量的焊料放置在金属接合处，用焊枪加热金属整体与焊料并使焊料熔化。最后使两片金属合二为一，即焊接完成。方法一的操作如图 3-16 所示。此方法易于掌握，适用于简单的金属面与面的焊接。

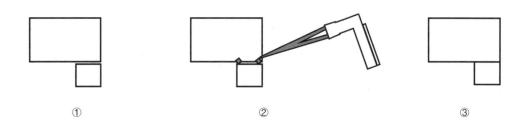

①   ②   ③

图 3-16 焊接方法一

焊接方法二。使用镊子取出适量的焊料，用焊枪加热焊料使其熔化成球状，然后用焊枪加热镊子，让焊料自然附着在镊子上，最后用焊枪加热焊接物，并把镊子上的焊料放在焊接处，使用焊枪整体加热金属与焊料，使得焊料完全熔化，即焊接完成。方法二的操作步骤如图 3-17 所示。此方法适用于金属的所有焊接，包含金属面与面、面与线等。此方法掌握起来稍有难度，需进行大量的练习。

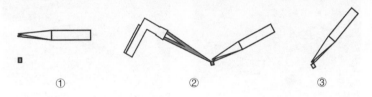

图 3-17　焊接方法二

1．金属面与面焊接

首先，把金属焊接处清洗干净（图 3-18），并保证金属要焊接的两部分能严丝合缝地对接。

然后，把硼砂水涂抹在焊接处（图 3-19）并用焊枪加热，使其凝固成固体硼砂粉（图 3-20、图 3-21），这样可在金属的焊接处形成保护层。

图 3-18　清洗金属

图 3-19　涂抹硼砂水

图 3-20　加热

图 3-21　形成固体硼砂粉

其次，把焊料用焊枪加热成小球状（图3-22），把小球放到焊接处（图3-23），用焊枪对要焊接的两片金属同时进行加热，焊料在受热均匀的两片金属的交接处会自然熔化（图3-24），停止加热后焊料即可凝固，完成焊接。

最后，把焊接后的金属放到清水中冷却（图3-25）。然后再放入明矾中煮制（图3-26），除去金属表面残留的固态硼砂。煮制完成后用清水清洗金属表面（图3-27），焊接完成（图3-28）。

注意：焊料先用焊枪吹制成小球状是为了加热时降低焊料的熔点，便于焊接时更易于熔化。

图3-22 吹制焊料球

图3-23 放置焊料球

图3-24 加热焊接

图3-25 冷却金属

图3-26 明矾煮制

图3-27 清水清洗

图3-28 焊接完成

2．线与面焊接

首先准备一块金属板、一根金属线和一根麻花钻头（图3-29），要求麻花钻头的直径与金属线直径相同。

其次，在金属板上面标记好位置并进行钻孔（图3-30、图3-31），然后把准备好的金属线插入孔洞（图3-32），并使用镊子固定金属线。在焊接处涂抹硼砂水（图3-33），加热使得硼砂凝成固态，放入适量焊料并进行加热焊接（图3-34），焊接完成后放入水中冷却（图3-35）。

最后放置在明矾中煮制（图3-36），清理金属表面残留的固态硼砂，再使用清水清洗金属表面残留的明矾（图3-37），清理干净后，焊接完成（图3-38）。

注意：金属板打孔后焊接金属线会更为牢固，不易出现折断、脱落、松动等现象。

图3-29　金属板、金属线和麻花钻头

图3-30　钻孔

图3-31　钻孔完成

图3-32　插入金属线

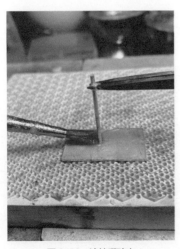

图3-33　涂抹硼砂水

图3-34　加热焊接

图3-35　冷却

图 3-36　明矾煮制

图 3-37　清水清洗

图 3-38　焊接完成

◆ 3.1.5　金属清洗方法

在焊接完成后，金属表面会留
下污渍（氧化层），可通过浸泡稀
硫酸（图 3-39）进行清除，也称
为酸洗。所谓稀硫酸就是加入大量
的水稀释后的硫酸，如硫酸浓度过
高会腐蚀金属。

放置稀硫酸的容器最好选择玻
璃或塑料材质的，并需要有密封功
能，不可选择任何金属材质的容器，
以免被腐蚀。硫酸与水的比例为
1∶10。调制稀硫酸时要先放入一
定比例的水，再放入对应比例的硫
酸，此过程中要用木筷子或玻璃棒
不断搅拌溶液使得水与硫酸充分融
合，整个过程中要做好防护，如穿
戴手套、面罩、防护镜、防护服等。

把要清洗的金属用木筷子小心
地放入稀硫酸中（图 3-40），并
做好密封以防止稀硫酸液体溅出（图
3-41）。浸泡 15 ~ 20 分钟即可，
然后用木筷子夹出（图 3-42）并

图 3-39　稀硫酸

图 3-40　放入金属

图 3-41　密封浸泡

图 3-42　木筷夹出

放入准备好的清水中（图3-43），首次稀释金属表面的稀硫酸液体。之后再使用清水冲洗，进行二次稀释（图3-44）。切勿用手触碰带有稀硫酸液体的金属，以免被硫酸灼伤。最后用铜刷［可放入适量的洗洁精（图3-45）］把冲洗过后的金属的表面氧化层刷洗干净（图3-46），用清水冲去金属表面的洗洁精（图3-47），酸洗完成（图3-48）。

图3-43 放入水中稀释

图3-44 二次稀释

图3-45 放入洗洁精

图3-46 刷洗金属

图3-47 清水冲洗

图3-48 酸洗完成

3.2 冷连接工艺

所谓的冷连接工艺，就是在金属冷却时进行金属板的叠加、固定。因创作中涉及非金属材料或特殊结构，不可以进行加热焊接，这时就需要运用冷连接工艺。同时冷连接还可以使得金属在结构固定的状态下发生旋转、移动，让创作更有趣、多变、灵动。

冷连接的固定方式以铆接为主。其原理就是使用金属线把两块（或多块）金属板穿插起来，上下金属板表面分别留出长 0.5mm 的金属线，使用小铁锤敲打，让金属线受到外力的撞击而膨胀，即可固定两块（或多块）金属板。具体操作如图 3-49 所示。

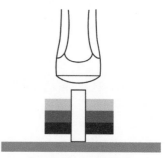

图 3-49　敲打金属线

金属冷连接的方式大致可分为凸起式、齐平式和架高式，根据个人的创作需求及材料的特性选择所对应的连接方式。

凸起式的特征：在所固定的上下金属板上有两个凸起的圆点，可以牢牢固定金属板，并且使得金属板在固定的同时，还可以水平旋转。具体样式如图 3-50 所示。

齐平式的特征：在所固定的上下金属板上完全看不出凸起，可以牢牢固定金属板，在视觉上较为完整、统一，但不可以水平旋转或移动。具体样式如图 3-51 所示。

架高式的特征：金属板在固定的同时，中间悬空且具有架高的功能，形式上有较强的立体感，适用于立体造型的创作。具体样式如图 3-52 所示。

图 3-50　凸起式　　　　　　　图 3-51　齐平式　　　　　　　图 3-52　架高式

◆ 3.2.1　凸起式

首先需要准备两块金属板、一个麻花钻头、一根金属线，要保证麻花钻头和金属线的直径相同（图 3-53）。

使用麻花钻头分别在两块金属板上钻孔（图 3-54、图 3-55），然后用准备好的金属线把两块钻孔完成的金属板穿插起来，并用 MTC 剪钳剪去多余的金属线（图 3-56），上下金属板表面留出长约 1mm 的金属线（图 3-57）。

用铁锤敲击突起的金属线，外力敲击会使得金属线膨胀并可铆接固定上下金属板（图 3-58），金属凸起式冷连接完成（图 3-59）。

最后会发现上下金属板表面有凸起的圆点，圆点具有固定的特性，同时还具备可使得金属板旋转的功能（图 3-60）。

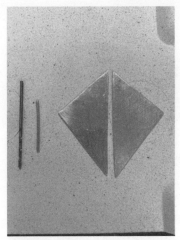

图 3-53　麻花钻头、金属线和金属板

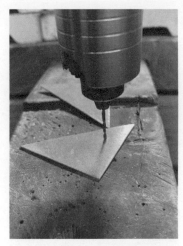

图 3-54　钻孔

图 3-55　钻孔完成

图 3-56　剪去余料

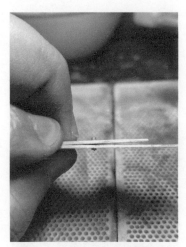

图 3-57　上下留出 1mm 的金属线

图 3-58　铁锤敲击，铆接固定

图 3-59　冷连接完成

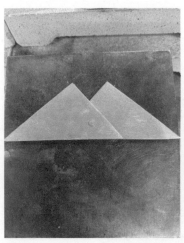

图 3-60　金属板旋转 180°

◆ 3.2.2 齐平式（两面）

首先需要准备一根麻花钻头、一根金属线，要保证麻花钻头和金属线的直径相同（图3-61）。

使用麻花钻头分别在两块金属板上钻孔（图3-62），然后用准备好的金属线把两块钻孔完成的金属板穿插起来，并在板面上下留出长约1mm的金属线（图3-63）。

用铁锤敲击突起的金属线，外力敲击会使得金属线膨胀并可铆接固定上下金属板（图3-64），金属齐平式（两面）冷连接完成（图3-65）。

注意：麻花钻头与金属线的尺寸因创作需求而定，其直径通常为0.6mm~1.2mm。

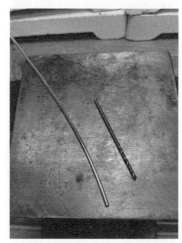

图3-61　金属板、金属线与麻花钻头

图3-62　金属板打孔

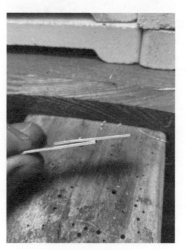

图3-63　金属线穿入

图3-64　铁锤敲击，铆接固定

图3-65　齐平式（两面）冷连接完成

◆ 3.2.3 齐平式（多面）

多面式是在两面式的结构中做出多面的金属叠加效果，其制作方法与两面式相同。

首先使用麻花钻头分别在要叠加的两块金属板上钻孔（图3-66），然后用准备好的金属线把要铆接的两块金属板穿插起来，并在板面上下留出长约1mm的金属线（图3-67），通过铁锤敲击上下突起的金属线进行铆接固定（图3-68、图3-69）。

运用此方法可进行金属板的多次叠加（图3-70）。首先也是打孔之后穿入金属线作为衔接（图3-71），最后也是用铁锤敲击，铆接固定（图3-72），齐平式（多面）冷连接完成（图3-73）。

图3-66 金属板钻孔

图3-67 金属线穿入

图3-68 铁锤敲击，铆接固定

图3-69 完成

图3-70 多块金属板叠加

图3-71 再次穿入金属线

图 3-72　铁锤敲击，铆接固定

图 3-73　齐平式（多面）冷连接完成

◆ 3.2.4　架高式（两面）

首先需要准备一根金属线和一根金属管（图 3-74），并保证金属线正好能够插入金属管之中，并且没有多余的空间（图 3-75）。

然后，把要进行连接的两块金属板重叠并用钻头统一打孔（图 3-76），再锯切一段金属管（图 3-77）并夹在两块金属板中间（图 3-78），金属管的高度根据创作需要而定。

最后穿入金属线（图 3-79）作为整体结构的衔接，并用铁锤敲击突起的金属线来进行铆接固定（图 3-80），架高式（两面）冷连接制作完成（图 3-81）。

注意：金属管与金属线的尺寸因创作需求而定。金属管内径常用尺寸为 0.6mm～1.2mm，金属管厚度常用尺寸为 0.6mm～1mm。金属线直径常用尺寸为 0.6mm～1.2mm。

图 3-74　金属线和金属管

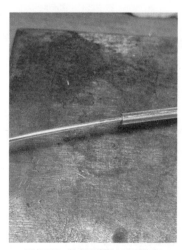

图 3-75　将金属线插入金属管中

图 3-76　金属板打孔

图 3-77　锯切金属管

图 3-78　夹入金属管

图 3-79　穿入金属线

图 3-80　铁锤敲击，铆接固定

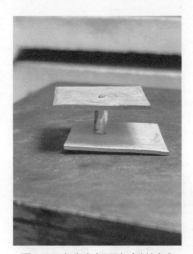

图 3-81　架高式（两面）冷连接完成

◆ 3.2.5　架高式（多面）

多面式是在两面式的基础上进行元素累加，做出多面的金属叠加架高效果。首先需要在金属板上进行钻孔（图 3-82），然后，锯切合适长度的金属管（图 3-83）来为上下金属板垫高，将其夹入金属板中间（图 3-84）用金属线穿插，进行结构衔接（图 3-85），最后通过铁锤敲击突起的金属线，进行铆接固定（图 3-86）制作完成（图 3-87）。

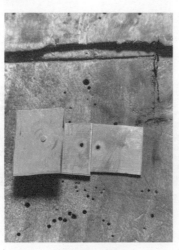

图 3-82　钻孔

图 3-83　锯切金属管

图 3-84　夹入金属管

图 3-85　穿入金属线

图 3-86　铁锤敲击，铆接固定

图 3-87　架高式（多面）冷连接完成

第 4 章

金属的成形

CHAPTER 04

此章主要介绍金属的退火与弯折、成形、压制纹理及肌理制作几方面的内容，也是金属成形中基础且易于掌握的工艺。另外，在实操的过程中可对金属有具体的了解与认知，并能深刻地了解金属的特性与特点。

本章中所涉及的工艺内容，可以作为金属成形工艺的基础，在此基础之上可对金属进行更为复杂的造型与创作。在之后的金属工艺制作中，会频繁涉及本章的内容，因此，熟练掌握本章的内容是十分必要的。

4.1 退火与弯折

所谓退火，指的是用火枪把金属板或金属线烧至通红且不能熔化的过程。金属经过退火会变得柔软，因此在对金属做敲打、扭曲、压片、拉丝等工艺之前都需要先退火。退完火之后的金属可以放入冷水中快速冷却，同时也可以静止放置使其自然冷却，自然冷却的金属会更加柔软，适用于做复杂的金属造型。

退火是做金属工艺之前必不可少的一个步骤，通过退火，可以初步了解焊枪和金属，并且可以熟知焊枪火焰大小与金属熔点之间的关系。

◆ 4.1.1 金属板的退火

首先把需要退火的金属板摆放在退火台面上（图4-1）。然后，使用焊枪分别对金属板退火（图4-2），使金属板受热均匀并烧至通红，同时注意避免烧制时间过久而导致金属熔化。将退完火之后的金属板放入冷水中冷却（图4-3），擦干金属表面水分后放在方铁上准备塑形（图4-4）。在做造型时为了金属板表面不留有痕迹，可以选择木槌或胶锤进行敲打塑形，敲打到金属板表面平整即可（图4-5、图4-6），退火完成（图4-7）。

注意：避免含有水分的金属与方铁接触，沾水的方铁易生锈。

图4-1 放置金属板

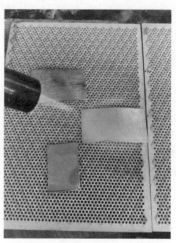

图4-2 退火

图4-3 冷却

图4-4 准备塑形

图 4-5　木槌塑形

图 4-6　胶锤塑形

图 4-7　退火完成

◆ 4.1.2　金属线的退火

　　首先也是使用焊枪对金属线退火（图 4-8），然后静止放置使其自然冷却（图 4-9）。之后用一块表面平整的金属板在方铁上来回碾压金属线（图 4-10），这样弯曲的金属线受到外力碾压后就会完全伸直且硬度增强（图 4-11）。所有金属线的伸直都是通过碾压成形的而非敲打制成的。

图 4-8　退火

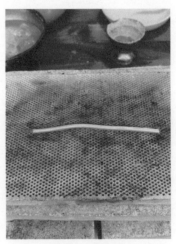

图 4-9　自然冷却

图 4-10　碾压

图 4-11　成形

◆ 4.1.3 金属板90°弯折

首先使用油性笔与钢尺在金属板表面标记出所要弯折处（图4-12、图4-13），然后用三角锉进行金属板开槽（图4-14），槽深约为金属板厚度的三分之二（图4-15）。开槽过深会使得金属板弯折时出现断裂现象，开槽过浅则会使得金属板在弯折时达不到所需的角度。

开槽之后的金属板首先要退火（图4-16），选择自然冷却（图4-17），这样在弯折时不易发生折断、开裂、扭曲等现象。

然后需先借助平嘴钳把金属板折起少许角度（图4-18），之后，再使用小木槌在方铁侧棱上进行敲打塑形，达到所需要的角度（图4-19、图4-20）。

弯折后的金属板要进行焊接加固（图4-21），以防止断裂。最后再用明矾煮去金属板表面残留的硼砂（图4-22），并放入清水中清洗干净（图4-23），制作完成（图4-24）。

图4-12 油性笔标记

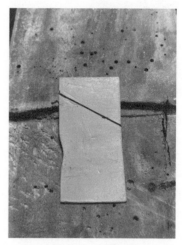

图4-13 标记完成

图4-14 三角锉开槽

图4-15 开槽完成

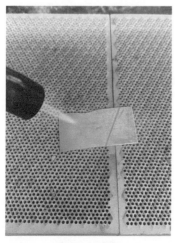

图4-16 退火

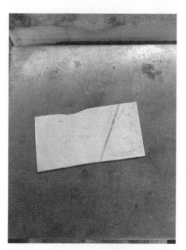

图4-17 自然冷却

图4-18 平嘴钳弯折

图 4-19 方铁塑形

图 4-20 90° 弯折完成

图 4-21 焊接

图 4-22 明矾煮制

图 4-23 清水清洗

图 4-24 制作完成

◆ 4.1.4　金属方体 90°弯折

金属方体开槽常用到的开槽角度为 90°与 120°，分别用于制作金属边框矩形与等腰三角形（图 4-25）。在金属工艺中用到较多且较为广泛的是金属方体 90°弯折。

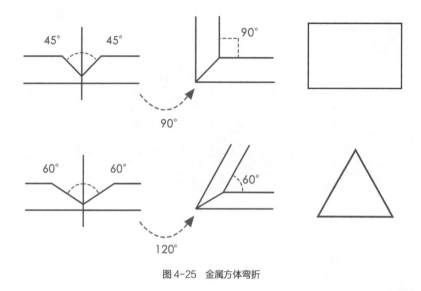

图 4-25　金属方体弯折

首先使用油性笔与钢尺在金属方体表面标记出所要弯折处（图 4-26、图 4-27），再使用锯弓在金属方体上锯出凹痕（图 4-28），所锯切的深度约为金属方体厚度的二分之一（图 4-29）。

然后选择三角锉在凹痕处进行开槽（图 4-30），初次开槽的深度约为金属方体厚度的三分之二（图 4-31）。

开槽完成之后进行退火（图 4-32），之后弯折金属方体来验证所折出的角度，当弯折的角度未达到 90°时（图 4-33），再用锯弓在弯折处锯出缝隙，继续弯折（图 4-34、图 4-35），直到达到所需角度（图 4-36）。

当达到所需角度时，要对金属线槽进行焊接（图 4-37），最后使用明矾煮去金属方体上残留的硼砂（图 4-38），再放入清水中清洗干净（图 4-39），金属方体 90°弯折完成（图 4-40）。

图 4-26　油性笔标记

图 4-27　标记完成

图 4-28　锯弓锯切

图 4-29　线槽深度

图 4-30　三角锉开槽

图 4-31　开槽深度

图 4-32　退火

图 4-33　弯折

图 4-34　锯弓锯切

图 4-35　再次弯折

图 4-36　90°弯折

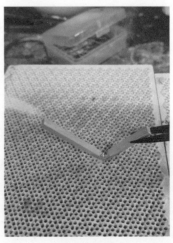

图 4-37　焊接

图 4-38　明矾煮制

图 4-39　清水清洗

图 4-40　制作完成

4.2　成形

　　所谓的成形就是借助金属模具将金属敲打成形，即使用已经成形的模具来为金属板塑形，通过模具制成的金属造型会更为标准并可进行批量化复制。市场上的模具种类与样式繁多，本节具体介绍圆片成形与半球面成形两种基础的成形。

　　金属工艺中常用到的模具有圆片形、半圆形、椭圆形等。由于这些模具是简单的几何形，因此在敲打完成后要进行组装或再创作，如两个半球面对接起来会成为一个完整空心球，两个半圆柱焊接之后会成为空心圆柱，圆片与半球面接合会成为密封的半圆球等，可根据不同的创作需求进行重新组合。

◆ 4.2.1　金属圆片成形

　　准备数个尺寸不一的金属板，摆放均匀并分别对其退火（图 4-41）。等金属板冷却后，再使用木槌进行敲打塑形（图 4-42）。

　　然后，把敲打平整的金属板放入切圆片的孔洞下（图 4-43），用铁锤敲打冲头切割金属板（图 4-44），敲打完成后，取出完整的金属圆片及金属余料（图 4-45）。

　　再次放入一块尺寸较小的金属板（图 4-46），选取的孔洞直径也随之变小，同样，铁锤敲击冲头切割金属板并取出金属圆片及余料（图 4-47、图 4-48）。之后，统一对切割完成的金属圆片均匀摆放（图 4-49），并对其分别再次进行退火（图 4-50）。最后，使用木槌或胶锤对每一金属圆片进行敲打塑形，使其平整（图 4-51），制作完成（图 4-52）。

图 4-41　退火

图 4-42　敲打塑形

图 4-43　放入金属板

图 4-44　铁锤敲打冲头

图 4-45　取出金属圆片及余料

图 4-46　再次放入金属板

图 4-47　铁锤敲打冲头

图 4-48　取出金属圆片及余料

图 4-49　均匀摆放

图 4-50　退火

图 4-51　木槌敲打塑形

图 4-52　制作完成

◆ 4.2.2　金属半球面成形

　　首先裁切出合适尺寸的金属板并进行退火（图 4-53），把冷却后的金属板放在窝砧上并使用窝珠冲头进行敲打成形（图 4-54），敲打数下之后的金属板会逐渐变硬，这时要再次退火来避免金属板在敲打过程中开裂（图 4-55）。反复敲打（图 4-56）与退火，直到最终达到所需的半球面形。

　　然后使用锯弓把多余的金属板锯切掉（图 4-57），再用砂纸对半球面形的金属进行打磨（图 4-58、图 4-59）。运用同样的方法可制作出不同尺寸的金属半球面（图 4-60）。

图 4-53　金属板退火

图 4-54　敲打成形

图 4-55　再次退火

图 4-56　反复敲打

图 4-57　锯切掉余料

图 4-58　砂纸打磨

图 4-59　打磨成形

图 4-60　制作不同尺寸的金属半球面

4.3 压制纹理

金属表面可以通过机器压制的方式制作出纹理，使用机器压制的纹理相对于手工制作的纹理更为均匀、统一、工整、有序。机器压制纹理的原理如图4-61所示。这些纹理能起到装饰作用并使得创作更为丰富有趣，也可以成为创作中独有的特征及符号，在首饰制作工艺中其工艺难度较低，便于掌握和操作，而且最终呈现的效果较佳。

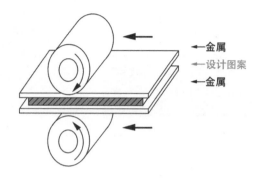

金属
设计图案
金属

图4-61　机器压制纹理

◆ 4.3.1　压制大头针纹理

首先把准备好的两块金属板分别退火（图4-62），要求金属板的厚度不小于0.8mm。等金属板自然冷却后，在其表面贴一层双面胶（图4-63），这样可以固定中间的夹层，然后，在金属板上放多枚大头针作为中间夹层（图4-64），再把夹有夹层的两块金属板同时放入压片机内进行压制（图4-65）。

压制完成后，使用焊枪清理金属板表面的双面胶（图4-66），也可以使用酒精擦洗，把金属板表面处理干净（图4-67），制作完成（图4-68）。

注意：压片机压力太小会导致两片金属板面上的花纹不够清晰，压力过大则会对金属板形状造成大的扭曲或变形，因此压片机压力一定要适中。

图4-62　退火

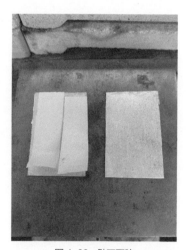

图4-63　贴双面胶

图4-64　放大头针作为夹层

图4-65　压片机压制

图 4-66　清理表面双面胶

图 4-67　清理完成

图 4-68　制作完成

◆ 4.3.2　压制钢丝网纹理

　　首先把准备好的两块金属板分别退火（图 4-69），并使金属板达到通红状态。等金属板自然冷却（图 4-70）后，在其上放一块钢丝网作为夹层（图 4-71），再把带有夹层的两块金属板同时放入压片机内进行压制即可完成（图 4-72、图 4-73）。

　　整个操作过程要注意的是：压片机压力太小会导致两块金属板面上的花纹不够清晰，压力过大则会对金属板形状造成大的扭曲或变形，因此压片机压力一定要适中。

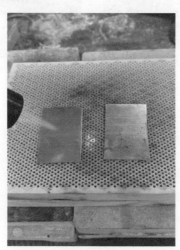

图 4-69　退火

图 4-70　自然冷却

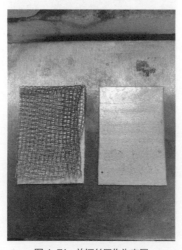

图 4-71　放钢丝网作为夹层

图4-72　压片机压制

图4-73　制作完成

◆ 4.3.3　压制曲别针纹理

　　首先也是把两块金属板分别退火（图4-74），然后让金属板自然冷却（图4-75），这样可以使金属板变得更为柔软且利于表面纹理的压制。等两块金属板冷却后，在其上放曲别针作为夹层（图4-76），可以选择放单枚或多枚曲别针，根据所需要的纹理图案而定。最后把带有夹层的两块金属板同时放入压片机内进行压制（图4-77），压制时注意控制压片机的压力，制作完成（图4-78）。

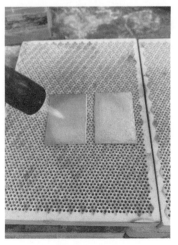

图4-74　退火

图4-75　自然冷却

图4-76　放曲别针作为夹层

图4-77　压片机压制

图4-78　制作完成

◆ 4.3.4　压制纸板纹理

　　首先同样把两块金属板分别退火（图4-79），然后让金属板自然冷却（图4-80），等两块金属板冷却后，在一块金属板上放纸板作为夹层（图4-81）。把带有夹层的两块金属板同时放入压片机内进行压制（图4-82），此时要调大压片机的压力（由于纸板较为柔软，这样才会使得纹理更为清晰），制作完成（图4-83）。

图4-79　退火

图4-80　自然冷却

图4-81　放纸板作为夹层

图 4-82　压片机压制　　　　　　　　　　　　　图 4-83　制作完成

4.4 手工肌理制作

　　金属板表面手工肌理的制作与机器压制纹理有所不同。手工制作的肌理特点是生动、鲜活、多样且无规律，更能体现手工质感，更具有温度与生命力，在首饰创作领域中运用较为广泛。

◆ 4.4.1 敲打制作肌理

　　铁锤敲打肌理制作过程中要有耐心，不能够操之过急，要让金属板面在敲打的过程中受力均匀，这样才能使得最后呈现的肌理厚重、统一、完整（图 4-84、图 4-85）。

　　借助窝珠冲头与錾子制作肌理时，与通过铁锤敲打制作肌理相同，在敲打的过程中要做到用力均匀，力度适中。用窝珠冲头、錾子敲打的过程及成品如图 4-86 至图 4-89 所示。

　　金属板面呈现的肌理疏密程度是由敲打的次数与频率决定的，同时也是根据创作的需求而设定的。

图 4-84　铁锤敲打肌理

图 4-85　完成

图 4-86　窝珠冲头敲打肌理

图 4-87　完成

图 4-88　錾子敲打肌理

图 4-89　完成

◆ 4.4.2　钻头制作肌理

借助各种样式的钻头在金属板表面上制作肌理时，要使肌理覆盖整个金属板表面，并要用力均匀。如钻头在金属板表面上所呈现的肌理不够明显，就需要制作时重复敲打来加强金属板表面的肌理感，每一遍肌理的制作都要保证肌理的完整、均匀、统一。以下金属板表面肌理是分别用球钻（图 4-90、图 4-91）、金刚砂磨头（图 4-92、图 4-93）、金属切割盘（图 4-94、图 4-95）、麻花钻（图 4-96、图 4-97）和雕蜡钻（图 4-98、图 4-99）制作完成的。

图 4-90　球钻制作肌理

图 4-91　完成

图4-92 金刚砂磨头制作肌理

图4-93 完成

图4-94 金属切割盘制作肌理

图4-95 完成

图4-97 完成

图4-96 麻花钻制作肌理

图 4-98 雕蜡钻制作肌理

图 4-99 完成

◆ 4.4.3 刮削制作肌理

刮削制作肌理就是使用工具以手工的方式在金属板表面上进行推铲制作肌理，需要花费大量的时间和耐心来进行肌理制作。要注意的是，每一次推铲都要力度适中，如用力过度会留下一条较深的划痕，用力过小则表面肌理不够明显。要推铲到金属板表面的每一区域，让密集、明显的肌理完全呈现出来。以下肌理是分别用钢刀刮削（图 4-100、图 4-101）、铲刀刮削（图 4-102、图 4-103）、三角锉锉削（图 4-104、图 4-105）和铲刀铲削（图 4-106、图 4-107）制作完成的。

图 4-100 钢刀刮削制作肌理

图 4-101 完成

图 4-102 铲刀刮削制作肌理

图 4-103 完成

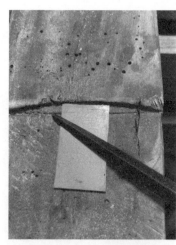

图 4-104 三角锉锉削制作肌理

图 4-105 完成

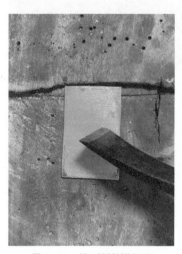

图 4-106 铲刀铲削制作肌理

图 4-107 完成

第 5 章

线材的运用

CHAPTER 05

此章主要讲解对金属丝与金属管的改造与运用，包含金属抽线（拉丝）工艺（圆丝、方丝）、金属管的制作（圆管、方管）、金属合叶的制作等几个方面的内容。

金属丝在金属工艺中运用得十分广泛，手链、项链、圆环、胸针、颈圈等，都是用金属丝制作而来的。而且，有关金属丝的工艺，由于其体积与直径比较小，不可以通过机器和计算机建模进行制作，因此大多数成品的制作都是通过手工来完成的。

在金属工艺中，金属丝（圆丝、方丝）主要运用在链子制作及胸针背针结构的制作。金属管（圆管、方管）主要用在金属合叶、胸针扣的结构、金属冷连接（架高式）等制作。

金属合叶的制作工艺在商业首饰中运用不多，大多数出现在个人首饰创作中，其能使得物件可打开与闭合，具有灵动、奇特、好玩、多变的功能特点。

5.1 抽线（拉丝）

金属工艺中抽线也称为拉丝，其基本原理是通过抽拉线材，使线材通过比它直径稍小的模孔而压缩伸展，线的直径缩小，而长度增加，具体如图5-1所示。金属拉丝板的模孔形状多样，有圆形、方形、三角形、菱形、椭圆形、五角星形等，具体如图5-2所示。金属工艺中常用到金属圆丝和方丝。

金属线材可以通过购买工厂量产的规格化线材取得，只是创作者在造型变化中会使用各种不同尺寸的线形材料，而规格化的尺寸往往无法满足设计需求。工厂生产的线材直径大多以1mm为一个单位来制作，而其余尺寸的线材就必须通过抽线来制作。

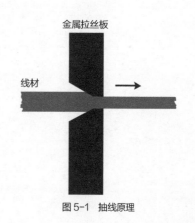

图5-1 抽线原理

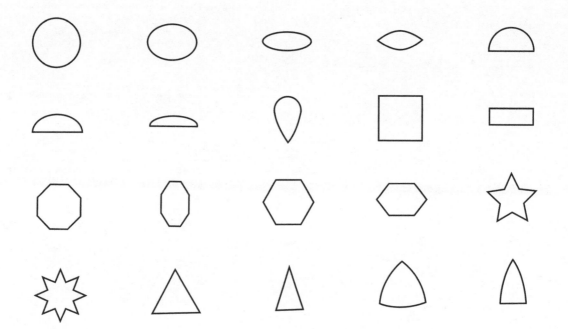

图5-2 金属拉丝板的模孔形状

◆ 5.1.1 金属圆丝拉丝（手工）

首先准备一根长短适中的金属圆丝（图5-3），并使用游标卡尺对要进行拉制的金属圆丝的直径进行测量（图5-4）。在进行拉丝工艺之前要对金属圆丝退火（图5-5），并让其自然冷却（图5-6），这样可避免其在拉丝过程中断裂。

然后把金属圆丝的一端放入压片机的侧槽中进行压制（图5-7），这样就可以缩小金属圆线一端的直径（图5-8），便于穿入拉丝板的孔洞中。在金属圆丝穿入拉丝板孔洞之前需在孔洞上滴入适量的机油（图5-9），这样在拉丝过程中具有润滑作用。之后，将金属圆丝穿入拉丝板孔洞中进行拉制（图5-10），在拉制过程中要时刻读取拉丝板孔洞下的数值（图5-11），以避免跳孔或重复拉制。

拉制完成后，要使用游标卡尺再次确认金属圆丝直径（图5-12），确保无误后，拉丝制作完成（图5-13）。

图5-3　准备金属圆丝

图5-4　游标卡尺测量直径

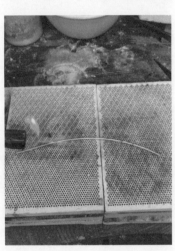

图5-5　退火

图5-6　自然冷却

图5-7　压制金属圆丝一端

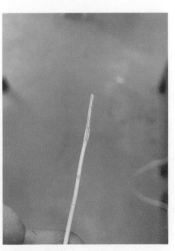

图5-8　压制完成

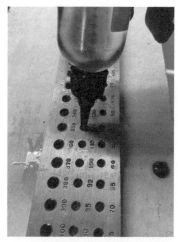

图 5-9　滴入机油

图 5-10　金属丝拉制

图 5-11　读取数值

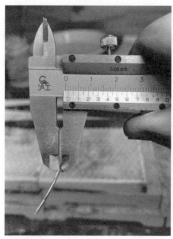

图 5-12　游标卡尺再次测量

图 5-13　制作完成

◆ 5.1.2 金属圆丝拉丝（拉丝机）

首先使用游标卡尺对要进行拉制的金属圆丝的直径进行测量，金属圆丝直径为3mm（图5-14）。然后在进行拉丝工艺之前要对金属圆丝退火（图5-15），这样可避免其在拉丝过程中断裂。

最后在拉丝的操作过程中（图5-16），要认真读取拉丝板孔洞下面的数值（图5-17），并在每一孔洞拉丝完成后都要使用游标卡尺进行再次测量，只有这样拉制出的金属圆丝尺寸才最为精准，金属圆丝经过拉制后的直径为2.5mm（图5-18）。制作完成（图5-19）。

图5-14　金属圆丝直径测量：3mm

图5-15　退火

图5-16　拉丝过程

图5-17　读取数值

图5-18　测量：2.5mm

图5-19　完成

◆ 5.1.3 金属方丝拉丝

金属方丝是以金属圆丝为线材拉制出来的。首先使用游标卡尺对要进行拉丝的金属圆丝进行测量，其直径为2mm（图5-20）。

然后对金属圆丝退火（图5-21），使得金属圆丝变得柔软以防在拉丝过程中折断。在拉丝过程中（图5-22），由于拉丝板孔洞为方形，因此金属圆丝也由圆丝逐渐变为方丝。

拉丝板孔洞数值的排列由大到小，要认真读取孔洞下面的每一个数值（图5-23），并在每一孔洞拉丝完成之后，再次使用游标卡尺测量直径，经过拉丝后金属方丝横截面尺寸为1.6mm×1.6mm（图5-24），制作完成（图5-25）。

图5-20　金属圆丝直径测量：2mm

图5-21　退火

图5-22　拉制过程

图5-23　读取数值

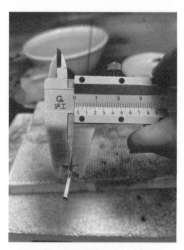

图5-24　测量：1.6mm×1.6mm

图5-25　完成

5.2 金属管的制作

金属管的制作方法与金属拉丝工艺相似，都是运用拉丝机与拉丝板来完成制作的。不同之处是金属管是空心的，金属线是实心的。圆管与方管在首饰制作中运用较多，主要运用在制作金属合叶结构、冷连接（架高式）以及胸针背针结构等。

金属管的宽度的计算方法如下。

如何拉制出正确的内径

宽度 =（内径 + 厚度）× 3.14

如何拉制出正确的外径

宽度 =（外径 − 厚度）× 3.14

快速参考表如下。

内径	厚度（mm）		
	0.6	0.5	0.4
3mm	11.3	10.9	10.6
4mm	14.4	14.1	13.8
5mm	17.5	17.2	16.9
6mm	20.7	20.4	20

◆ 5.2.1 金属圆管制作

首先裁切出一块金属板并退火（图 5-26），等冷却后把金属板的一端裁切成三角形（图 5-27），然后使用钳子把金属板的一端卷成圆柱，以便于穿入拉丝板的孔洞（图 5-28）。

穿入大小合适的拉丝板孔洞中（图 5-29），开始拉制金属圆管，金属板会在拉制的过程中逐渐闭合，形成空心金属圆管。最终拉制出来的金属圆管要保证接口完全闭合（图 5-30），并在拉制的过程中不断使用游标卡尺对金属圆管的外径进行测量、确认。金属圆管制作完成（图 5-31）。

图 5-26 退火

图 5-27　裁切成三角形

图 5-28　卷制成柱体

图 5-29　穿入拉丝板孔洞

图 5-30　拉制金属圆管

图 5-31　完成

◆ 5.2.2　金属方管制作

金属方管是用金属圆管拉制出来的。首先准备一根金属圆管（图5-32）。把准备好的金属圆管退火（图5-33），并放在方铁上使其自然冷却（图5-34）。退完火的金属圆管会变得柔软且有韧性，这样可以避免在拉制的过程中断裂。

然后把金属圆管一端放入压片机的侧槽中进行压制（图5-35），这样就可以缩小金属圆管一端的直径，压制完成（图5-36）。准备方孔拉丝板（图5-37）。往拉丝板的每一孔洞中滴入润滑油（图5-38），便于拉制过程顺畅且不易折断金属。

将其放入方孔拉丝板中进行拉制（图5-39），金属圆管在拉制的过程中会逐渐变为方形，拉制完成（图5-40）。在拉制的过程中除要观察金属管形状的变化外，还要不断使用游标卡尺对金属管的尺寸进行测量，确保最终拉制出来的尺寸准确无误。

拉制完成后要再次进行退火（图5-41），并用小铁锤轻轻敲打金属方管外壁（图5-42），让金属方管在伸直的同时增加硬度，金属方管制作完成（图5-43）。

图5-32　准备一根金属圆管

图5-33　退火

图5-34　自然冷却

图5-35　压片机压制金属圆管一端

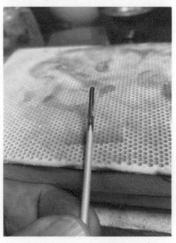

图5-36　压制完成

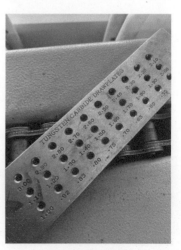

图5-37　方孔拉丝板

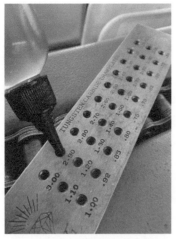

图 5-38　孔洞中滴入润滑油

图 5-39　方管拉制

图 5-40　拉制完成

图 5-41　退火

图 5-43　制作完成

图 5-42　敲打塑形

5.3 金属合页结构

金属合页结构可以使得首饰，结构与结构之间发生互动，让首饰变得更加生动、有趣，拓展了首饰创作的可能性。金属合页结构在传统珠宝设计中运用较少，但在艺术首饰创作中运用较为广泛。

◆ 5.3.1 两面式

首先需要准备两块金属板、一根金属管和一根金属线。金属板的两边要进行打磨使后续对接得严丝合缝（图5-44）。然后，把金属管平均锯切为三段（图5-45），分别放入两块金属板中间，作为连接结构（图5-46）。

分别在金属管左右两边放入焊料进行焊接（图5-47）。金属管上下两段与一块金属板进行焊接，中间一段则与另外一块金属板焊接，焊接完成（图5-48）。这样，结构才能够开合。

焊接完成后，把金属线穿入三段金属管之中（图5-49），金属管两端分别留出长1mm左右的金属线并用小铁锤进行敲打，铆接固定（图5-50）。两面式合页结构制作完成（图5-51）。

图5-44 金属板对接

图5-45 锯切金属管

图5-46 中间放入三段金属管

图5-47 焊接

图 5-48　焊接完成

图 5-49　穿入金属线

图 5-50　铁锤敲打，铆接固定

图 5-51　制作完成

◆ 5.3.2 多面式

准备四块金属板（两大片、两小片）、一根金属管、一根金属线。

先把两块大片金属板侧面进行打磨使其对接起来严丝合缝（图5-52），然后用锯弓把金属管平均锯切为四段（图5-53），最后把锯切后的金属管放在两块大片金属板中间（图5-54）。

焊接上下两段金属管，分别固定于两块金属板上（图5-55、图5-56）。中间两段金属管分别与另外两块小片金属板焊接（图5-57、图5-58）。

之后，在四段焊接完成的金属管中间插入金属线进行组合衔接（图5-59、图5-60）。最后，使用焊枪把金属线一端熔为圆球，进行固定（图5-61），另一端通过铁锤敲打使金属膨胀，以固定（图5-62），多面式合页结构制作完成（图5-63）。

注意：为了体现工艺的多样性，演示了两种不同的固定方式。

图 5-52　两大片金属板对接

图 5-53　锯切金属管

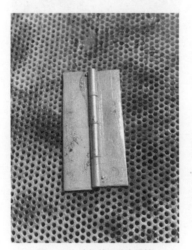

图 5-54　中间放四段金属管

图 5-55　焊接

图 5-56　上下金属管焊接完成

图 5-57　焊接

图 5-58　焊接

图 5-59　焊接完成

图 5-60　穿入金属线

图 5-61　一端熔为圆球固定

图 5-62　另一端铁锤敲打固定

图 5-63　制作完成

注意：球状端头制作方法如下（图5-64）。

①准备粗细合适的金属线。

②将金属线的一端锉尖，最好使用砂纸打磨平整，不留锉刀痕迹。

③使用镊子将金属线夹起悬空，用焊枪对锉磨过的金属丝端头进行吹制，等待金属丝端头逐渐变红、变亮，金属丝端头开始熔为小球并不断上升，火焰位置随球状金属上升，吹至所需大小后移开焊枪。

④完成球状端头制作。

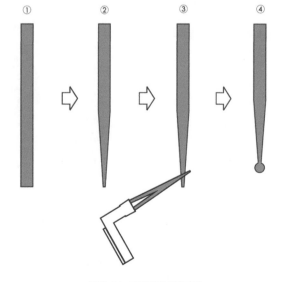

图 5-64　球状端头制作方法

第 6 章

首饰连接
结构

CHAPTER 06

本章主要介绍 S 钩扣、T 字扣、弯钩扣和胸针背针扣（单针、双针）的制作。首饰连接
结构的制作工艺较为复杂，在首饰成品中常常被忽略，且不易被发现。但是，连接结构
扮演着至关重要的角色，首饰连接扣的设计与制作的合理性，会直接影响首饰的质量。

金属 S 钩扣、T 字扣和弯钩扣常用于项链、手链、项圈之中，便于连接金属环与金属板，
在能够保证美观的同时，其合理性近乎完美。其制作起来虽比较费时费力，但可以长时
间使用，在频繁的开合之中不易损坏。

金属的胸针背针扣分为单针与双针两种，可根据个人的创作需求来选择。由于胸针是与
服饰发生关系的，因此背针的材料选择、造型及开合方式就尤其重要。胸针背针结构的
制作不仅是对工艺的挑战，也是对结构设计合理性的验证与实践。

6.1 链钩扣头制作

金属工艺中首饰连接结构制作是重要且复杂的环节，能够体现工艺的细节以及手艺的精湛之处，在手链的连接、项链的连接、耳环的连接、手镯的连接等中都会运用到。同时，其工艺的难度系数相对较高，过程也相对比较复杂。合理的结构设计与制作能体现首饰的精妙与灵动。

◆ 6.1.1　S形钩扣制作

首先准备一根金属线并把一端锉制成针状（图6-1），再使用焊枪由下而上进行吹制（图6-2），金属受热后会熔化成小球（图6-3）。

然后把金属线弯折成S形（图6-4），钩扣上下套入小环，分别用来连接项链的两端，制作完成（图6-5）。

图6-1　锉修金属线

图6-2　焊枪吹制

图6-3　熔化成球

图6-4　弯折成S形

图6-5　S形钩扣制作完成

◆ 6.1.2　T 字扣制作（1）

　　首先准备一根长约 2cm 的实心金属线（图 6-6），把金属线的两端分别与准备好的金属半球进行焊接（图 6-7、图 6-8、图 6-9）。

　　然后在金属线中间部位焊接金属半圆环（图 6-10），焊接完成后放入明矾中煮去金属表面的硼砂与氧化层（图 6-11、图 6-12）。

　　另准备一个直径稍大的金属圆环，其内径约为金属线长度的一半，即圆环内径约为 1cm。最后把金属圆环与金属链的扣头相连接，这样一个可开合的 T 字扣就制作完成了（图 6-13、图 6-14）。

图 6-6　实心金属线

图 6-7　连接金属半球

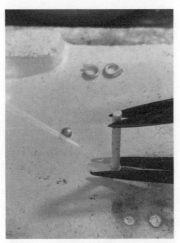

图 6-8　焊接

图 6-9　焊接完成

图 6-10　焊接金属半圆环

图 6-11　明矾煮制

图6-12 清理完成

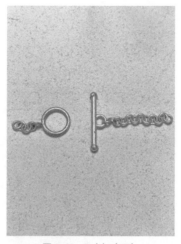

图6-13 T字扣（开）

图6-14 T字扣（合）

◆ 6.1.3 T字扣制作（2）

以下是T字扣的另一种做法。首先在实心金属线的两端分别焊接金属半球（图6-15）。然后把一根细金属线缠绕其上（图6-16），细金属线直径为0.5mm~0.6mm。

之后，把金属半圆环与缠绕完成的金属线进行焊接（图6-17）。最后把直径稍大的金属圆环、金属扣分别与首饰相连接，这样第二种可开合的T字扣就制作完成了（图6-18、图6-19）。

注意：金属线缠绕主要起装饰作用，与第一种T字扣做法并无结构上的不同。

图6-15 焊接完成

图6-16 金属线缠绕

图6-17 焊接金属半圆环

图6-18　T字扣（开）

图6-19　T字扣（合）

◆ 6.1.4　弯钩扣制作

首先准备一根空心金属管，其内径为 2.5mm~3mm（图6-20）。把金属管锯切一段下来，并使用砂纸把两端打磨平整（图6-21）。

把金属管一端与金属板进行焊接封口（图6-22）。焊接完成后，裁切多余的金属板（图6-23），并使用粗砂纸把金属管的边缘打磨平整（图6-24）。

用麻花钻头在封口一端金属管顶部中心位置进行打孔（图6-25），把金属管的另一端与金属板进行焊接封口（图6-26），剪去多余的金属板并使用粗砂纸将边缘打磨平整（图6-27、图6-28）。

把金属管没有孔的一端与金属半圆环进行焊接固定（图6-29），在打有孔的一端插入一根问号形的金属钩并进行焊接（图6-30）。最后，使用明矾煮去金属表面残留的硼砂与氧化层（图6-31），弯钩扣制作完成（图6-32）。

图6-20　空心金属管

图6-21　锯切一段并打磨两端

图6-22　一端焊接封口

图6-23　裁切掉余料

图6-24　粗砂纸打磨

图6-25　打孔

图6-26　另一端焊接封口

图6-27　裁切掉余料

图6-28　粗砂纸打磨

图6-29　一端焊接金属半圆环

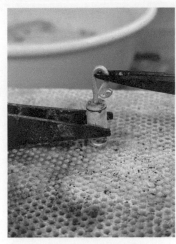

图6-30　另一端焊接问号钩

图6-31　明矾煮制

图6-32　弯钩扣制作完成

6.2　胸针背针扣制作

　　胸针背针扣大致分为单针和双针两种。胸针背针扣的制作相对复杂且讲究，具有不同的造型、材质、样式和种类，这也考验手工艺的精致与准确程度。胸针制作中最为重要的部分就是背针扣制作，除去样式，还要考虑佩戴的实用性、合理性、便捷性，由此胸针背针扣制作成为金属工艺中必须要掌握的工艺之一。

◆ 6.2.1　单针制作

　　首先，准备一块长方形的金属板并退火（图6-33）。然后，把退完火的金属板进行三层折叠（图6-34）。再把多余的金属板锯切掉（图6-35）。之后，用锉刀把折叠金属板的顶部锉开（图6-36），保证中间的一片金属可以完整取出。

　　使用麻花钻头在折叠金属板的侧面中心位置进行打孔（图6-37），并把金属夹片取出（图6-38）。再把金属夹片与一根金属线进行焊接（图6-39、图6-40），作为背针。

　　之后把 U 形片与金属板的一端进行焊接固定（图6-41），把金属板另一端与提前准备好的 e 形金属丝进行焊接固定（图6-42、图6-43），然后使用明矾煮制清理（图6-44）。这样就基本完成了胸针的前后两端的结构。

　　最后，把背针装入 U 形片之中（图6-45），用一根实心金属线进行穿插固定（图6-46），再借助小铁锤进行敲打，铆接固定（图6-47）。这样就完成了可开合的胸针单针的制作（图6-48、图6-49）。

图 6-33　金属板退火

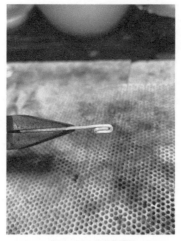

图 6-34　三层折叠

图 6-35　锯切掉余料

图 6-36　锉开顶部

图 6-37　侧面中心打孔

图 6-38　取出夹片

图 6-39　焊接金属丝

图 6-40　焊接完成

图 6-41　焊接 U 形片

图6-42 e形金属丝

图6-43 焊接e形金属丝

图6-44 明矾煮制

图6-45 装入背针

图6-46 金属线穿插固定

图6-47 铁锤敲打，铆接固定

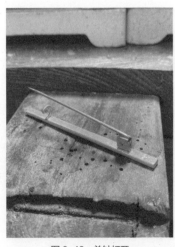

图6-48 单针打开

图6-49 单针闭合

◆ 6.2.2 双针制作

首先准备一根金属方体（图6-50），并用三角锉对其进行开槽（图6-51）。然后沿着所开的槽将金属方体进行90°弯折并焊接固定（图6-52、图6-53）。

之后，依次对金属方体进行开槽、弯折、焊接，并锯切条料和抛光即可得到一个长方形的金属边框（图6-54、图6-55）。

再准备一根较细的金属方体并用油性笔标记开槽位置（图6-56），使用三角锉在标注的位置依次进行开槽（图6-57）。开槽完成（图6-58）后再依次进行弯折、焊接（图6-59），最后，使用明矾煮制清理，背针架制作完成（图6-60）。

准备同长度的一根金属管和金属方体（图6-61）。先把金属方体焊接在金属边框一边的中间位置（图6-62），再把同长度的金属管焊接在金属方体上面（图6-63），这样可垫高金属管，便于佩戴。

把之前做好的背针架焊接在金属管对边的金属边框的中间位置（图6-64、图6-65），再使用明矾煮制清理（图6-66、图6-67）。最后，把直径适中的钢丝针穿入金属管（图6-68）并弯折放入背针扣中，这样，可开合的胸针双针就制作完成了（图6-69、图6-70）。

注意：选择钢丝针是因钢比较坚硬且不容易变形。

图6-50　金属方体

图6-51　三角锉开槽

图6-52　90°弯折

图6-53　焊接折角

图6-54　焊接固定边框

图6-55　金属边框完成

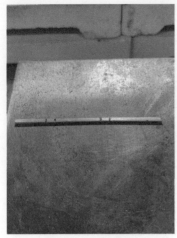

图 6-56　油性笔标记

图 6-57　三角锉开槽

图 6-58　开槽完成

图 6-59　焊接弯折处

图 6-60　背针架完成

图 6-61　金属管和金属方体

图 6-62　焊接金属方体

图 6-63　焊接金属管

图 6-64　放上背针架

图6-65 焊接背针架

图6-66 明矾煮制

图6-67 清理完成

图6-68 穿入钢丝针

图6-70 双针闭合

图6-69 双针打开

第 7 章

金属表面处理工艺

CHAPTER 07

本章主要讲解金属的抛光工艺和金属的做旧工艺。其中金属的抛光工艺又分为磁抛机抛光、铜刷抛光和布轮抛光机抛光，前面两种的效果为一般抛光效果，后者的效果为金属镜面抛光效果。

在首饰制作与创作中，金属表面的处理为最后一道工序，不同的处理方式会呈现不同的效果。个人创作中较多地选择磁抛机和铜刷进行抛光，因为这两种方式制作起来比较简单，更为省力、省时，其效果能够满足基本的需求。在商业首饰中则更多地选择布轮抛光机抛光，其效果为镜面抛光效果，可使得金属更为闪亮，并可使金属上镶嵌的宝石更为亮丽。

金属的做旧工艺则分为做旧液做旧和化学试剂做旧。做旧液也含有化学剂。

7.1 金属抛光工艺

金属抛光工艺是金属表面处理工艺中的一种，而抛光又可以分为普通抛光与镜面抛光。其中一种普通抛光是借助金属电动抛光机（磁抛机）进行的抛光。其原理是，通过磁抛针或磁抛球的滚动、旋转，对金属表面进行打磨、清理、抛光；其优点是便捷、迅速、简单。

另外一种普通抛光是使用铜刷加洗洁精对金属整体进行刷制，其原理与电动抛光机相似，铜刷就如同磁抛针。

镜面抛光指的是将金属表面处理成如镜子一般的抛光工艺，此抛光处理方式比较费工、费时。首先需要使用从粗目到细目的砂纸对金属进行全面打磨，之后需借助机器（布轮抛光机）进行抛光，镜面抛光常运用在商业首饰产品中。

镜面效果金属表面抛光步骤表如下。

制作流程	所需工具	表面变化
锉修	板锉（粗纹理）	粗
	红、白柄半圆锉	
	各式各样的锉刀	
砂磨	400 目～600 目粗砂纸	↓
	800 目～1000 目细砂纸	
	1200 目～1500 目精细砂纸	
抛光	胶轮机	细
	布轮抛光机 （黄布轮＋绿蜡、白布轮＋红蜡）	

◆ 7.1.1　磁抛机抛光

首先使用 220 目粗颗粒砂纸对金属板进行打磨（图 7-1），去除金属板表面的划痕与氧化层。再依次使用 280 目、320 目的中颗粒砂纸对其进行深度打磨清理（图 7-2、图 7-3），最后再使用 400 目细颗粒砂纸对金属板进行精细打磨（图 7-4）。

图 7-1　220 目砂纸打磨

图 7-2　280 目砂纸打磨

图 7-3　320 目砂纸打磨

图 7-4　400 目砂纸打磨

之后，借助磁抛机（图7-5）进行金属板表面抛光处理。把金属板、适量清水与洗洁精同时放入磁抛机之中（图7-6），磁抛约20分钟即可取出。最后，使用清水把金属板清洗干净（图7-7），抛光完成（图7-8）。

图7-5 磁抛机

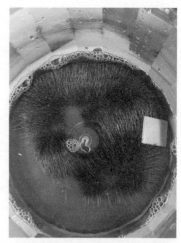

图7-6 放入金属板、清水、洗洁精

图7-7 清水清洗

图7-8 磁抛完成

◆ 7.1.2 铜刷抛光

首先使用320目中颗粒砂纸对金属板进行打磨（图7-9），再使用400目细颗粒砂纸对其进行精细打磨（图7-10）。

图7-9 320目砂纸打磨

图7-10 400目砂纸打磨

在铜刷上先淋入清水（图7-11），再加入适量的洗洁精（图7-12）。然后，对金属板表面进行均匀的刷洗（图7-13），直到金属板表面刷洗干净为止。最后，使用清水把金属板表面冲洗干净（图7-14），制作完成（图7-15）。

注意：用砂纸打磨金属板之前，需要使用稀硫酸对金属板进行浸泡，去除氧化层和污渍。

图7-11　淋入清水

图7-12　加入洗洁精

图7-13　铜刷刷洗

图7-14　清水冲洗

图7-15　完成

◆ 7.1.3　布轮抛光机抛光

首先依次使用220目、280目粗颗粒砂纸对金属板整体进行打磨、修整（图7-16、图7-17）。

图7-16　220目砂纸打磨

图7-17　280目砂纸打磨

再依次用 320 目、400 目中颗粒砂纸对金属板划痕和表面氧化层进行清理（图 7-18、图 7-19）。

接着，再分别使用 600 目、800 目、1000 目细颗粒砂纸对其进行打磨、抛光（图 7-20、图 7-21、图 7-22）。

之后，再分别使用 1200 目、1500 目精细颗粒砂纸对金属板进行再次打磨、抛光（图 7-23、图 7-24）。

最后，再依次用 2500 目、3000 目超精细颗粒砂纸对金属板进行最后的打磨、抛光（图 7-25、图 7-26）。

砂纸打磨环节之后，要再使用布轮抛光机（图 7-27）对金属板进行抛光，要确保布轮抛光机抛到金属板的每一个区域（图 7-28），最后抛制完的金属板表面会呈现镜面效果，制作完成（图 7-29）。

图 7-18　320 目砂纸清理

图 7-19　400 目砂纸清理

图 7-20　600 目砂纸打磨、抛光

图 7-21　800 目砂纸打磨、抛光

图 7-22　1000 目砂纸打磨、抛光

图 7-23　1200 目砂纸打磨、抛光

图 7-24　1500 目砂纸打磨、抛光

图 7-25　2500 目砂纸打磨、抛光

图 7-26　3000 目砂纸打磨、抛光

图 7-27　布轮抛光机

图 7-28　布轮抛光机抛制

图 7-29　抛光完成

7.2 金属做旧工艺

金属做旧工艺是金属表面处理工艺中的一种，主要是通过化学试剂对金属表面进行做旧。金属的做旧大多是借助化学试剂来完成的。金属做旧的效果具有不可控性，想要达到极佳的做旧效果，就需要做好充足的准备，做旧前金属的清洗程度、做旧液的保质期、做旧器皿是否干净、化学试剂的配比等，都会对金属最终的做旧效果有所影响。

做旧完成的金属在一段时间之内（3~6 个月）表面色泽会脱落、淡化，因此需要重新进行金属做旧来进行色泽的补修与加固。再次做旧之前需要把金属重新清理干净，不可以在留有污渍的金属表面进行再次做旧，以免影响金属最终的做旧效果。

◆ 7.2.1 做旧液做旧

首先准备两块表面清洗干净的金属板（图 7-30）。倒出适量的金属做旧液（图 7-31），然后对其进行加热，加热至 75℃ ~ 80℃（图 7-32），用镊子将一块金属板放入做旧液中，使其完全浸泡在做旧液之中（图 7-33）。浸泡 2 ~ 3 分钟即可（图 7-34）。然后用镊子把浸泡完成的金属板夹出，并放入清水中进行金属板表面清洗（图 7-35）。

使用小毛笔蘸适量的做旧液，对另外一块金属板表面进行刷制（图 7-36），进行金属板的局部做旧。刷制的次数越多，金属板表面的做旧效果就越明显（图 7-37）。刷完之后，将其放入清水中清洗（图 7-38）。

最后，把两块金属板同时放入磁抛机中（图 7-39），抛制 10 ~ 15 分钟（图 7-40）即可拿出。再次使用清水清洗金属板表面（图 7-41），制作完成（图 7-42）。

注意：做旧液加热后，用于金属板上的做旧效果更佳。

图 7-30　准备两块金属板

图 7-31　倒出做旧液

图 7-32　加热

图 7-33　将金属板放入做旧液中

图 7-34　浸泡

图 7-35　清水清洗

图 7-36　刷制做旧液

图 7-37　多次刷制

图 7-38　清水清洗

图 7-39　放入磁抛机

图 7-40　磁抛机抛制

图 7-41　清水再次清洗

图 7-42　制作完成

◆ 7.2.2　化学试剂做旧

准备两种化学试剂：硫酸铜和氯化钾（图7-43）。首先，使用电子秤称量出30g的硫酸铜（图7-44）。然后，再称量出15g的氯化钾（图7-45）。硫酸铜与氯化钾的比例为2∶1。把两种试剂同时放入玻璃器皿中（图7-46），加入100ml的温水（40℃~60℃），并使用玻璃棒进行搅拌使其溶解（图7-47）。

把准备做旧的金属板表面清洗干净（图7-48），不要留有任何污渍。把两块金属板浸泡到溶液中，进行整体做旧（图7-49），浸泡10~15分钟即可。再用小毛笔把另外两块金属板表面刷上一层溶液，进行金属板局部做旧（图7-50），然后等待金属板表面液体自然风干（图7-51）。之后，把四块金属板放入清水中清洗（图7-52）。

然后把四块金属板同时放入磁抛机，进行表面抛光（图7-53），抛制10~15分钟（图7-54）。最后，再用清水把金属板表面的洗洁精（抛光剂）冲洗干净（图7-55），等待金属板风干或拿布擦干，做旧完成（图7-56）。

注意：在此展示了金属整体做旧与局部做旧两种方法，可根据创作需求选择所对应的方法。

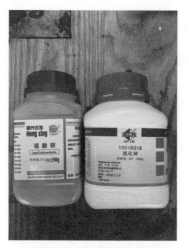

图7-43　硫酸铜与氯化钾

图7-44　30g硫酸铜

图7-45　15g氯化钾

图7-46　试剂放入玻璃器皿中

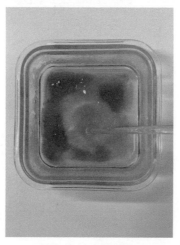

图7-47　加水搅拌均匀

图7-48　金属板表面清洗干净

图 7-49 浸泡两块金属板

图 7-50 刷制另外两块金属板

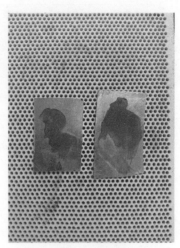

图 7-51 刷制完成

图 7-52 清水清洗

图 7-53 放入磁抛机中

图 7-54 进行抛制

图 7-55 清水清洗

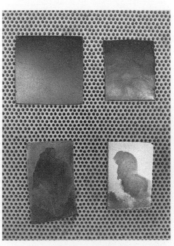

图 7-56 制作完成

其他染色方法参考下表。

金属	色泽	材料	用量	方法
银	灰黑色	硫化钾	10g	40℃～60℃，浸泡法，数分钟
		水	1000ml	
	深灰色	硫化钾	3g	50℃，浸泡法，5～10分钟
		碳酸铵	6g	
		水	1000ml	
	紫棕色	氯化铜	50g	50℃～60℃，浸泡法，数分钟
		水	1000ml	
红铜	红色	硫酸铜	6.25g	煮沸浸泡法，约1小时
		醋酸铜	1.25g	
		氯化钠	2g	
		硝酸钾	1.25g	
		水	1000ml	
	棕色	硫酸铜	50g	煮沸浸泡法，约30分钟
		硫酸亚铁	5g	
		硫酸锌	5g	
		高锰酸钾	2.5g	
		水	1000ml	
	黑色	高锰酸钾	5g	煮沸浸泡法，约20分钟
		硫酸铜	50g	
		硫酸铁	5g	
		水	1000ml	
	蓝绿色	硝酸铜	200g	软布擦拭法，每天擦拭两次，连续5天
		氯化钠	200g	
		水	1000ml	
黄铜	红棕色	硫酸铜	25g	煮沸浸泡法，15～20分钟
		水	1000ml	
	黑色	硫代硫酸钠	6.25g	50℃～60℃浸泡法，数分钟
		硫酸铁	50g	
		水	1000ml	
	蓝绿色	硝酸铜	200g	每天浸泡两次，每次数秒钟，连续5天
		水	1000ml	

第 8 章

综合技法
应用

CHAPTER 08

此章主要讲解金属首饰成品制作，包含手链制作、戒指制作、圆盒制作和方盒制作。在制作每一件成品的过程中都会涉及之前的内容，也算是对前述内容的汇总。

本章，手链的制作演示部分介绍了金属圆环制作及圆环之间的衔接方法，其在涉及首饰的环链制作时都可以进行参考。戒指的制作选择了基础的圆戒作为演示，其他形状的戒指大多是由圆戒演变而来的。圆盒与方盒在传统首饰中运用十分稀少，主要是在个人的创作中会涉及，如开合结构、凹凸结构、穿插结构等，也算是对首饰制作的拓展与延伸。这些工艺的呈现只是对之前内容的复习，便于理解各种工艺在成品制作中的运用，以及所要注意的事项，并懂得如何在掌握已有的工艺之后进行再延展与再创造。

8.1 手链的制作演示

首先准备数根粗金属线（直径为1.5mm）并依次对其退火（图8-1）。然后把金属线缠绕在圆形木棒上进行塑形（图8-2）。再使用锯弓把金属线锯切成不闭合的圆环（图8-3），并在焊瓦上依次排列（图8-4）。

图8-1 粗金属线退火

图8-2 塑形

图8-3 锯切

图8-4 排列

把排列的单个圆环全部退火（图8-5），然后借助尖嘴钳进行单个圆环相套（图8-6）。从第三个圆环（图8-7）开始，每单个圆环要同时与前两个圆环相套（图8-8），依此类推。每次都要同时套入前两个圆环（图8-9），这样才能保证手链最终成蛇形（图8-10）。

当圆环穿制完成之后（图8-11），要对每一个圆环进行焊接封口（图8-12）。每焊接完成一个圆环后，要使用明矾（或泡酸）煮制干净（图8-13），再进行下一个圆环的焊接封口，依此反复，直到整条手链的圆环全部焊接、煮制完成（图8-14）。

图 8-5　圆环退火

图 8-6　圆环相套

图 8-7　第三个圆环

图 8-8　套入前两个圆环

图 8-9　依次套入前两个圆环

图 8-10　蛇形链

图 8-11　圆环穿制完成

图 8-12　圆环焊接封口

图 8-13　明矾煮制

准备数根细金属线（直径为 0.8mm）并依次退火（图 8-15），然后把金属线缠绕在圆形钢棒上进行塑形（图 8-16）。再次使用锯弓把金属线锯切成不闭合的小圆环（图 8-17），并放在焊瓦上逐个退火（图 8-18）。借助尖嘴钳进行单个圆环相套（图 8-19），最后与蛇形链的一端进行衔接（图 8-20）。

准备一条金属方体（图 8-21），使用半圆锉把金属方体两端打磨成弧面（图 8-22、图 8-23）。之后，把金属半圆环与金属方体进行焊接固定（图 8-24、图 8-25），与手链一端连接（图 8-26）。

最后，准备一个大直径的单个金属圆环并套入手链另一端（图 8-27、图 8-28），并把单个金属圆环进行焊接封口。这样一条完整的可开合的蛇形手链就制作完成了（图 8-29、图 8-30）。

图 8-14　煮制完成

图 8-15　细金属线退火

图 8-16　塑形

图 8-17　圆环锯切

图 8-18　圆环退火

图 8-19　圆环相套

图 8-20　与蛇形链一端衔接

图 8-21　金属方体

图 8-22　半圆锉塑形

图 8-23　锉制成弧面

图 8-24　金属半圆环

图 8-25　焊接金属半圆环

图 8-26 与手链一端连接

图 8-27 单个金属圆环

图 8-28 套入手链另一端

图 8-29 蛇形手链（开）

图 8-30 蛇形手链（合）

8.2 戒指的测量与制作

戒指的样式与种类繁多，虽然造型、材料、镶嵌方式、佩戴方式千姿百态，但其制作原理是相同的。因此，只有熟练掌握基本戒圈的测量及制作方法，才可以做更为丰富与多样的演变。

◆ 8.2.1 戒指的测量方法

1. 以戒圈内径计算所需长度

（内径 + 金属厚度）×3.14= 所需长度。首先使用游标卡尺对 16 号国际戒圈内径进行测量，内径为 19.1mm（图 8-31）。再使用算式算取所需的长度，即（内径 19.1mm + 金属厚度 1mm）×3.14 = 63.1mm（图 8-32）。

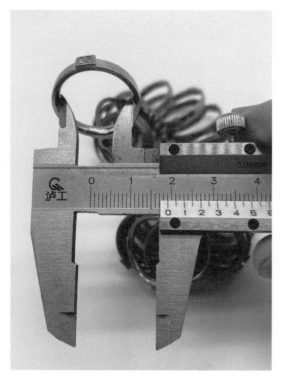

图 8-31 测量内径 19.1mm

图 8-32 所需长度 63.1mm

2．戒指棒测量

　　首先将铁丝捆绑于戒指棒的所需尺寸上（图 8-33）。然后，使用 MTC 剪钳剪断铁丝（图 8-34）。最后，将铁丝展开成直线，使用钢尺进行测量（图 8-35），以此方式取得戒圈长度，同时必须增加 1~2 倍金属厚度的长度。

图 8-33 铁丝捆绑

图 8-34 剪断铁丝

图 8-35 测量

3. 戒指圈号、直径与周长

戒指圈号与直径、周长的对照表如下。

指圈号	直径 /mm	周长 /mm
4	13.4	42.1
5	13.7	43.0
6	14.0	44.0
7	14.4	45.2
8	14.7	46.2
9	15.1	47.4
10	15.4	48.4
11	15.7	49.3
12	16.2	50.9
13	16.6	52.1
14	16.9	53.1
15	17.2	54.0
16	17.6	55.3
17	18.0	56.5
18	18.3	57.5
19	18.6	58.4
20	19.0	59.7
21	19.3	60.6
22	19.7	61.9
23	20.0	62.8
24	20.4	64.1
25	20.8	65.3
26	21.0	65.9
27	21.4	67.2
28	21.8	68.5
29	22.1	69.4
30	22.4	70.3
31	22.8	71.6
32	23.1	72.5
33	23.5	73.8

◆ 8.2.2 圆戒指制作

首先准备一段金属棒并对其退火（图8-36），放入压片机的侧槽进行压制（图8-37、图8-38）。反复压制之后，金属棒会逐渐变成金属方条（图8-39），再放入压片机中槽把金属方条压制为长方体，并进行测量（图8-40、图8-41）。

把压制完成的金属条进行再次退火（图8-42），等金属条冷却之后，将其放在戒指棒上所需要的戒圈尺寸处并弯曲（图8-43）。再使用锯弓把多余的金属条锯切掉（图8-44），剪出适量的银焊片放入戒指开口中（图8-45、图8-46），并对其进行焊接封口（图8-47）。

图 8-36　金属棒退火

图 8-37　放入压片机侧槽

图 8-38　压制

图 8-39　压制成金属方条

图 8-40　放入压片机中槽压制

图 8-41　测量尺寸

图 8-42　再次退火

图 8-43　戒指棒获取尺寸

图 8-44　锯弓锯切

图 8-45　剪出适量的银焊片

图 8-46　放入开口中

图 8-47　焊接封口

　　焊接完成后放到戒指铁上用铁锤进行敲打塑形（图 8-48），使用半圆锉对戒指的侧面与顶面进行打磨、修整（图 8-49、图 8-50）。再用半圆锉的弧形面对戒指的内侧进行打磨、修整（图 8-51），戒指的雏形制作完成（图 8-52）。

　　最后，使用砂纸（400 目~600 目）对戒指的侧面进行精细打磨与修整（图 8-53）。再使用砂纸卷（400 目~600 目）对戒指的顶面与内侧分别进行精细打磨与修整（图 8-54、图 8-55），制作完成（图 8-56）。

图 8-48　铁锤敲打塑形

图 8-49　侧面打磨、修整

图 8-50　顶面打磨、修整

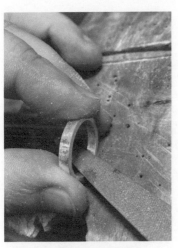

图 8-51　内侧打磨、修整

图 8-52　戒指雏形

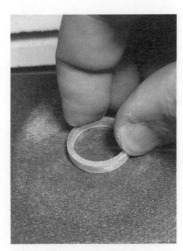

图 8-53　砂纸打磨侧面

图 8-54　砂纸卷打磨（顶面）

图 8-55　砂纸卷打磨（内侧）

图 8-56　制作完成

8.3　圆盒制作

准备一块长方形的金属板并对其退火（图8-57），然后借助窝珠冲头将其敲打塑形成管状（图8-58），再用细钢丝将金属管捆绑固定并对其进行焊接封口（图8-59），之后再套进窝珠冲头上进行二次敲打塑形（图8-60）。

使用砂纸对金属管上下两端进行打磨修整（图8-61），再用游标卡尺测量出所需圆盒盖子的长度并标记（图8-62），沿着标记位置将整段锯切下来（图8-63），然后使用砂纸打磨底部（图8-64）。分别把两个金属管的底部焊接在金属板上封口（图8-65、图8-66），并使用明矾煮去残留在金属上的硼砂与氧化层（图8-67），最后把多余的金属锯切掉（图8-68）。

图8-57　退火

图8-58　窝珠冲头塑形

图8-59　金属管焊接封口

图8-60　再次敲打塑形

图8-61　砂纸打磨

图8-62　游标卡尺测量

图 8-63　锯弓锯切

图 8-64　砂纸打磨

图 8-65　金属管封口

图 8-66　焊接

图 8-67　明矾煮制

图 8-68　锯切掉余料

再另准备一块长方形金属板（图 8-69），使用直径小一号的窝珠冲头敲打塑形成管状（图 8-70），把制作好的小号金属管套入大号金属管之中（图 8-71），顶部留出 3cm~4cm 即可，然后进行焊接固定（图 8-72）。

图 8-69　长方形金属板

图 8-70　小一号窝珠冲头塑形

图 8-71　套入大号金属管中　　　　　　　　　　　　　图 8-72　焊接

使用砂纸卷把金属边沿进行打磨修整，再对圆盒的盒盖边沿也进行打磨修整（图 8-73），这样可开合的圆形金属盒就基本制作完成了（图 8-74、图 8-75）。

图 8-73　砂纸卷打磨修整　　　　　图 8-74　圆形金属盒（开）　　　　　图 8-75　圆形金属盒（合）

8.4 方盒制作

　　首先准备一块长方形金属板并使用油性笔对其进行标记（图8-76），按照所标记的位置用三角锉进行开槽（图8-77）。然后将开槽处依次进行弯折和焊接（图8-78、图8-79、图8-80）。最后，用细钢丝将方框缠绕进行固定并对接口处进行焊接（图8-81、图8-82），之后使用明矾（或泡酸）煮制清理（图8-83）。

图8-76　油性笔标记

图8-77　三角锉开槽

图8-78　弯折

图8-79　焊接

图8-80　依次弯折并焊接

图8-81 细钢丝捆绑固定

图8-82 焊接

图8-83 明矾煮制

把做好的金属边框放在一块金属板上并进行焊接封口（图8-84、图8-85），然后用明矾煮去金属上残留的硼砂与氧化层（图8-86）。之后，把其中三条金属边沿余料锯切掉并进行打磨修整（图8-87、图8-88、图8-89）。

另外准备一块长方形金属板，并在金属板的顶部适当位置用三角锉开槽，以弯折成直角（图8-90、图8-91）。然后，对弯折后的直角进行焊接固定（图8-92），这样金属方盒的盒盖基本制作完成（图8-93）。

把提前准备好的空心金属管平均裁切成三段，依次放在连接部位并对其进行焊接固定（图8-94、图8-95），焊接后将整体放入明矾中煮制清理（图8-96），并使用砂纸对其进行打磨修整（图8-97）。

锯切掉小盒底部多余的金属板（图8-98），并使用半圆锉对其进行打磨修整（图8-99）。

图8-84 金属边框封口

图8-85 金属边框焊接

图8-86 明矾煮制

图8-87 锯切掉余料

图 8-88　打磨修整

图 8-89　边沿打磨完成

图 8-90　三角锉开槽

图 8-91　弯折成直角

图 8-92　焊接

图 8-93　盒盖制作完成

图 8-94　放上金属管

图 8-95　焊接金属管

图 8-96　明矾煮制清理

图 8-97　砂纸打磨修整

图 8-98　锯切掉余料

图 8-99　打磨修整

　　最后，把一根直径适中的金属丝插入金属管之中（图 8-100），使用小铁锤敲打两端的金属丝，进行铆接固定（图 8-101）。这样，可开合的金属方盒制作完成了（图 8-102）。

图 8-100　穿入金属丝

图 8-101　铁锤敲打，铆接固定

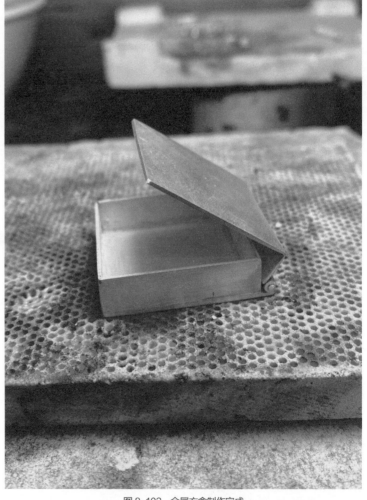

图 8-102　金属方盒制作完成